T0192696

BestMasters

Weitere Informationen zu dieser Reihe finden Sie unter
http://www.springer.com/series/13198

Mit „BestMasters“ zeichnet Springer die besten Masterarbeiten aus, die an renommierten Hochschulen in Deutschland, Österreich und der Schweiz entstanden sind. Die mit Höchstnote ausgezeichneten Arbeiten wurden durch Gutachter zur Veröffentlichung empfohlen und behandeln aktuelle Themen aus unterschiedlichen Fachgebieten der Naturwissenschaften, Psychologie, Technik und Wirtschaftswissenschaften.

Die Reihe wendet sich an Praktiker und Wissenschaftler gleichermaßen und soll insbesondere auch Nachwuchswissenschaftlern Orientierung geben.

Sinja Rist

Auswirkungen von Mikroplastik auf die Grünlippmuschel Perna viridis

Sinja Rist
Dresden, Deutschland

BestMasters
ISBN 978-3-658-12841-8 ISBN 978-3-658-12842-5 (eBook)
DOI 10.1007/978-3-658-12842-5

Die Deutsche Nationalbibliothek verzeichnet diese Publikation in der Deutschen Nationalbibliografie; detaillierte bibliografische Daten sind im Internet über http://dnb.d-nb.de abrufbar.

Springer Spektrum

Gedruckt auf säurefreiem und chlorfrei gebleichtem Papier

Springer Spektrum ist Teil von Springer Nature
Die eingetragene Gesellschaft ist Springer Fachmedien Wiesbaden GmbH

Danksagung

Ich möchte mich an erster Stelle bei Herrn Prof. Dr. Martin Wahl für die Initiierung und wissenschaftliche Leitung des GAME-Projekts bedanken. Dieses sehe ich als einmaliges Programm, das für mich sehr lehrreich und bereichernd war.
Sehr herzlich möchte ich mich bei Dr. Mark Lenz für die Koordination, die umfangreiche Betreuung in allen Projektphasen und das Engagement für die gesamte Gruppe bedanken.
Bei Herrn Prof. Dr. Herwig O. Gutzeit möchte ich mich für die freundliche Betreuung dieser Arbeit als Zweitgutachter bedanken.
Mein Dank gilt auch Dr. Neviaty Zamani für die Betreuung in Bogor sowie Dr. Carsten Thoms für all seine freiwillige Unterstützung, die hilfreichen Tipps und Diskussionen. Besonders bedanken möchte ich mich bei Mareike Huhn, die sich mit unglaublichem Engagement all unserer Probleme und Fragen angenommen hat, uns in allen praktischen wie theoretischen Belangen eine enorme Hilfe war und den Laboralltag insgesamt verschönert hat.
Ein großer Dank geht natürlich an meine Teampartnerin Nisa, die uns mit ihrem Eifer, ihrer Unerschütterlichkeit und Freundlichkeit eine gute Laborzeit beschert hat, welche auch in stressigen Phasen und nach langen Stunden noch Spaß gemacht hat.
Auch bei allen anderen GAME-Teilnehmern möchte ich mich für die einzigartige Zusammenarbeit, gegenseitige Unterstützung und den vielen Spaß während der Arbeit bedanken.
Ich danke auch allen Menschen, die uns immer wieder im Labor und im Freiland geholfen haben, insbesondere Hassane, Yasin, Juraij, Robba, Theresa und Nils.
Ein großer Dank geht auch an Dr. Hans-Jörg Martin und Daniel Appel für die umfangreiche und geduldige Hilfe bei allen toxikologischen Analysen.
Für die finanzielle Unterstützung meiner Arbeit in Indonesien möchte ich mich recht herzlich bei der Briese Schifffahrt GmbH bedanken.

Nicht zuletzt gilt mein Dank meiner Familie und meinen Freunden, insbesondere Fabian und Ulrike, die mich während der ganzen Zeit unterstützt und in schwierigen Zeiten wieder aufgebaut haben. Ein großer Dank geht an Fabian für die geduldige Beratung, konstruktive Diskussionsfreude und die Wohlfühl-Oase.

Sinja Rist

Zusammenfassung

Mit der steigenden Produktion und Entsorgung von Plastik kam es in den vergangenen Jahrzehnten zu einer zunehmenden Verbreitung von Mikroplastik in marinen Ökosystemen weltweit. Seit einigen Jahren werden mögliche Folgen auf marine Organismen untersucht. Ein besonderes Augenmerk fiel dabei auf benthische Invertebraten, da viele dieser Tiere durch ihre Ernährungsweise Mikroplastikpartikel aufnehmen. Durch die hydrophobe Oberfläche des Plastiks, können persistente organische Schadstoffe darauf akkumulieren, welche eine zusätzliche Gefährdung für die Organismen darstellen. Verschiedene Studien haben bereits negative Folgen solch kontaminierter Partikel auf die Miesmuschel *Mytilus edulis* und den Wattwurm *Arenicola marina* nachgewiesen. Es gibt jedoch kaum Studien zu anderen Arten.

Das Ziel dieser Arbeit war es, den Einfluss von Mikroplastik auf die Muschel *Perna viridis* zu untersuchen. Dafür wurden mit Muscheln aus der Bucht von Jakarta 3-monatige Hälterungsversuche im Labor durchgeführt. Die verwendeten PVC-Partikel wurden in möglichst realitätsnahen Mengen von 0,03%, 0,3% und 3% (Massenanteil im Sediment) eingesetzt und durch Resuspension für die Muscheln verfügbar. Es erfolgte außerdem eine Kontamination der Partikel mit dem Schadstoff Fluoranthen, außer in einer Kontrollgruppe mit 3% nicht-kontaminiertem Mikroplastik. Während der Mikroplastik-Exposition wurden verschiedene Antwortvariablen (Filtrationsleistung, Respirationsrate, Byssusproduktion und Motilität) erhoben. Eine zusätzliche Untersuchung bestand in der Quantifizierung der Mikroplastikmengen in Strandsedimenten nahe der Bucht von Jakarta.

Bereits nach sechs Wochen traten bei allen Antwortvariablen deutliche Unterschiede zwischen den Behandlungsgruppen auf. Mit steigender Mikroplastikmenge war eine zunehmende Verringerung der Filtrationsleistung, Respiration, Byssusproduktion und Motilität zu beobachten. Gleichzeitig stieg die Mortalität. Da kein Einfluss von Fluoranthen nachgewiesen werden konnte, gehen die Effekte wahrscheinlich nur auf die Belastung durch die resuspendierten Partikel zurück. Mikroplastik als Stressor führt durch die reduzierte Aktivität der Muschel letztlich vermutlich zu einer Limitierung der Energiezufuhr und einer Erschöpfung der vorhandenen Energiereserven und damit schließlich wohl auch zu einer verringerten Fitness. In ihrem natürlichen Habitat könnte ein Rückgang von *Perna viridis* ganze benthische Ökosysteme verändern.

Inhaltsverzeichnis

Abbildungsverzeichnis

Tabellenverzeichnis

Tabellenverzeichnis

Abkürzungsverzeichnis

ANOVA	Varianzanalyse
	(engl. *analysis of variance)*
BCI	Fitness-Index
	(engl. *body condition index*)
cm	Zentimeter
g	Gramm
h	Stunde
HPLC	Hochleistungsflüssigkeitschromatographie
	(engl. *high performance liquid chromatography*)
kg	Kilogramm
l	Liter
m	Meter
mg	Milligramm
min	Minute
ml	Milliliter
mm	Millimeter
MP	Mikroplastik
NG	Nassgewicht
ng	Nanogramm
nm	Nanometer
PAH	Polyzyklischer aromatischer Kohlenwasserstoff
	(engl. *polycyclic aromatic hydrocarbon*)
PCBs	Polychlorierte Biphenyle
PE	Polyethylen
PET	Polyethylentherephthalat
pH	Negativer dekadischer Logarithmus der Protonen-Konzentration

POP	Persistenter organischer Schadstoff (engl. *persistent organic pollutant*)
PVC	Polyvinylchlorid
rpm	Umdrehungszahl (engl. *rounds per minute*)
TG	Trockengewicht
***μ*l**	Mikroliter
***μ*m**	Mikrometer
US EPA	US-amerikanische Umweltbehörde (engl. *US Environmental Protection Agency)*

1 Einleitung

1.1 Die globale Müllproblematik

Im vergangenen Jahrhundert hat die Menschheit ein weltweites Müllproblem entwickelt. Müll nimmt schneller zu als jede andere Form der Umweltverschmutzung und nach Voraussagen von Hoornweg et al. (2013) wird der Höhenpunkt der globalen Müllproduktion in diesem Jahrhundert noch nicht erreicht. Im Jahr 2000 wurden pro Tag circa 3 Millionen Tonnen Abfall produziert. Diese Menge wird sich bis 2025 nach Vorhersagen verdoppeln (Hoornweg und Bhada-Tata, 2012).

Plastikmüll, wie Verpackungen, Flaschen, Behälter und Tüten, hat global gesehen einen Anteil von etwa 10% an der gesamten Müllmenge (Thompson et al., 2009, Hoornweg und Bhada-Tata, 2012). Kunststoffe erfahren durch ihre besonderen Eigenschaften vielfältige Verwendung. Niedrige Produktionskosten, ein geringes Gewicht, Elastizität, gute Abdichtung gegen Feuchtigkeit und Beständigkeit gegenüber Temperatur, Chemikalien und Bruch verschaffen ihnen zahlreiche Vorteile gegenüber anderen Materialien wie Glas, Papier oder Metall (Andrady, 2011). Die hohe Persistenz von Kunststoffen stellt jedoch auch ein Umweltproblem dar. Durch einen sehr langsamen Abbau der Polymere in der Umwelt gehen Schätzungen davon aus, dass die Stoffe für hunderte bis tausende Jahre persistieren werden (Barnes et al., 2009). Diese Problematik wird mit hoher Wahrscheinlichkeit weiter zunehmen, da die globale Plastikproduktion derzeit einen exponentiellen Zuwachs hat. 2012 wurden weltweit 288 Millionen Tonnen produziert (PlasticsEurope, 2013). Bei unveränderter Nachfrage könnte diese Menge bis 2050 auf 33 Milliarden Tonnen ansteigen (Rochman et al., 2013a). Die häufigsten Polymertypen sind dabei Polyethylen (PE, 38%), Polypropylen (24%), Polyvinylchlorid (PVC, 19%), Polyester (7%) und Polystyrol (6%) (Andrady, 2011).

In Europa werden fast 62% der Plastikabfälle recycelt oder für die Energiegewinnung genutzt. In Ländern mit weniger effizientem oder fehlendem Müllmanagement landet der Großteil dagegen auf Deponien oder wird unkontrolliert verbreitet. Nach Schätzungen von Rochman et al. (2013a) gelangt weltweit fast die Hälfte der Kunststoffe in die Umwelt.

1.2 Plastik in den Ozeanen

In den letzten Jahrzenten konnte eine ständige Zunahme von Plastikabfällen in den Ozeanen beobachtet werden. Im Gegensatz zu dem beschriebenen Anteil von 10% an der globalen Müllproduktion, stellt Plastik im Meer mit 50-80% den größten Abfallanteil dar (Derraik, 2002).

Abb. 1: Angeschwemmter Plastikmüll am Strand der Insel Rambut, Indonesien

Es wurde eine Akkumulation sowohl an Küsten und in Sedimenten, als auch in der Wassersäule beschrieben (Moore et al., 2001, Thompson et al., 2004, Barnes, 2005). Selbst in den entlegensten Gebieten der Erde, wie einigen südpazifischen Inseln und in den Polargebieten, tritt mariner Plastikmüll auf (Gregory, 1999, Barnes, 2005). Die Verbreitungsmuster spiegeln meist Bevölkerungsdichte und Urbanisierung wider (Barnes, 2005, Leite et al., 2014), doch Plastik stellt eine äußerst mobile Form der marinen Verschmutzung dar, welche sich schnell ausbreiten kann. Besonders hohe Plastikmengen wurden für die 5 größten subtropischen Driftwirbel beschrieben (Moore et al., 2001, Cozar et al., 2014). Im Nordpazifikwirbel beschrieben Moore et al. (2001)

eine 5 Mal höhere Masse an Plastik als Plankton. Eine Analyse von Cozar et al. (2014) ergab jedoch, dass die Plastikmenge an der Meeresoberfläche trotz steigender Produktion und Entsorgung nicht zunimmt. Es wird daher vermutet, dass ein Großteil zum Meeresgrund sinkt, an Küsten angeschwemmt, fragmentiert oder von Tieren aufgenommen wird.

In Abhängigkeit von ihrer Dichte treiben verschiedene Plastikpolymere entweder an der Wasseroberfläche, schweben in der Wassersäule oder sinken zum Grund. Von den häufigsten Polymeren besitzen nur PVC und Polyethylentherephthalat (PET) eine höhere Dichte als Meerwasser (Andrady, 2011). Verschiedene Prozesse können dies jedoch beeinflussen. Insbesondere Biofouling spielt dabei eine große Rolle. Die Besiedlung durch Invertebraten, Algen oder Mikroorganismen kann zum Sinken der Plastikfragmente führen (Ye und Andrady, 1991, Moret-Ferguson et al., 2010). Lobelle und Cunliffe (2011) beschrieben die Bildung eines sichtbaren Biofilms auf PE-Partikeln bereits nach einer Woche und ein Absinken unter die Wasseroberfläche nach drei Wochen. Dieser Prozess war nach der Entfernung der Fouling-Organismen reversibel. Auch in der Umwelt kann es während des Absinkens zu einer Entfernung des Bewuchses und dem darauffolgenden Wiederaufstieg zur Wasseroberfläche kommen (Ye und Andrady, 1991). Dieser Zyklus kann sich mehrfach wiederholen, somit ist die Position der Plastikfragmente in der Wassersäule sehr variabel.

Auch wenn die Plastikmengen, welche jährlich in die Ozeane gelangen, nicht genau quantifiziert werden können, wird doch angenommen dass circa 80% von Land stammen (Andrady, 2011). Der Haupteintrag erfolgt dabei durch Flüsse und Wind sowie direkten Eintrag an besiedelten Küsten (Moore et al., 2011). Rund 18% des marinen Plastikmülls wird auf die Fischereiindustrie zurückgeführt; etwa durch den Verlust oder die absichtliche Entsorgung von Materialien und Gerätschaften. Weitere Quellen stellen Aquakulturen und Transportverluste dar (Andrady, 2011).

Die Folgen für Tiere sind sehr vielfältig und gut untersucht. Für sehr viele Arten wurde beschrieben, dass sie sich in Plastik verfangen können (Laist, 1997). Ein Problem stellen dabei neben entsorgten Konsumgütern auch verlorene Netze (so genannte Geisternetzte) dar, welche unkontrolliert Organismen ‚fangen' (Bullimore et al., 2001).

Betroffen sind vor allem marine Säugetiere, Schildkröten, Vögel, Fische und Krebstiere. Es gibt außerdem zahlreiche Berichte, dass verschiede Plastikfragmente von Tieren mit der Nahrung verwechselt und im Folgenden aufgenommen werden. Die Aufnahme kann jedoch auch passiv erfolgen. Besonders gut dokumentiert ist dies, neben Meeresschildkröten und –säugern, für marine Vögel. Von 44% aller mariner Vogelarten ist die Aufnahme von Plastik bekannt (Cadée, 2002, Rios et al., 2007, Mallory, 2008). Sowohl das Verfangen, als auch die Aufnahme kann zu Verletzungen und zum Tod führen (Laist, 1997). Plastikmaterial kann jedoch auch als Siedlungssubstrat für verschiedene Organismen dienen. Katsanevakis et al. (2007) beschrieben für die benthische Fauna im Ägäischen Meer eine Zunahme der Artenzahl mit erhöhter Plastikmenge. Gleichzeitig führte dies zu einer Änderung der Artengemeinschaft, von Weichboden- hin zu Hartsubstrat-bewohnenden Arten. Plastik birgt somit das Potential die Artenzusammensetzung in benthischen Habitaten zu verändern. Dieser Einfluss kann durch den Transport von Organismen auf Plastikfragmenten weiter verstärkt werden. Ein solcher Transport war durch natürliche Vektoren, wie treibendes Holz oder Früchte, schon immer gegeben. Anthropogener Abfall bietet heutzutage jedoch doppelt so viele Möglichkeiten für einen Langstreckentransport mariner Organismen. Dies kann die Verbreitung fremder oder invasiver Arten enorm erhöhen (Barnes, 2002, Gregory, 2009)

1.3 Mikroplastik

1.3.1 Ursprung und Verbreitung

Plastikfragmente sind in den Ozeanen verschiedenen chemischen, physikalischen und biologischen Prozessen ausgesetzt, welche zu einer graduellen Degradation in immer kleinere Partikel führen. Die Zahl an kleineren Fragmenten hat in den vergangenen Jahrzenten deutlich zugenommen und stellt teilweise die Mehrheit des gestrandeten Plastiks dar (Browne et al., 2007, Barnes et al., 2009). Die größte Rolle spielt neben mechanischer Fragmentierung die Photooxidation, welche durch UV-Strahlung ausgelöst wird (Barnes et al., 2009). Es kommt dabei zur Oxidation und darauf folgend zu einer Spaltung der Polymere. Auf diese Weise können Mikrorisse entstehen, das Material wird zunehmend spröde und kann letztlich in zahlreiche kleine Fragmente zerfallen (Browne et al., 2007). Eine mechanische Beanspruchung durch Sand oder Wellen verstärkt die Fragmentierung zusätzlich (Barnes et al., 2009).

Besonders effizient ist die photooxidative Degradation, wenn das Material mit Luft in Kontakt ist, beispielsweise an Stränden. Im tieferen Wasser ist die Photooxidation durch niedrige Temperaturen und eine geringere Sauerstoffkonzentrationen deutlich verlangsamt (Andrady, 2011). Zusätzlich können UV Stabilisatoren im Plastikmaterial oder die Besiedlung der Oberfläche durch Fouling-Organismen den Prozess verlangsamen oder verhindern. Fehlt die UV Strahlung komplett, ist noch eine thermooxidative Degradation möglich, welche jedoch sehr langsam verläuft. Hydrolyse der Polymere findet im Meerwasser kaum statt (Andrady, 2011). Eine Biodegradation durch Mikroorganismen ist zwar teilweise möglich, aber recht selten, da es im Meer nur wenige Bakterienarten gibt, die zur Zersetzung von Kunststoffpolymeren in der Lage sind (Shah et al., 2008, Sivan, 2011).

Ab einer bestimmten Größe werden Plastikpartikel als Mikroplastik bezeichnet. Die meisten Autoren beziehen sich auf eine Definition, nach welcher Partikel <5 mm als Mikroplastik gelten (Arthur et al., 2008). Entstehen diese Partikel durch die zuvor beschriebenen Prozesse aus größeren Fragmenten, werden sie als ‚sekundäres Mikroplastik' bezeichnet. Dem entgegen steht ‚primäres Mikroplastik', welches bereits in dieser Größe produziert wurde (Abbildung 2). Letzteres stammt größtenteils aus der Kosmetikindustrie oder findet als Schleifmittel zum Beispiel in Sandstrahlgebläsen Anwendung (Gregory, 1996, Fendall und Sewell, 2009). Die Partikel können durch Abwassersysteme in die Umwelt gelangen, da sie zu klein sind um in Filtersystemen zurückgehalten zu werden. Auf diesem Weg werden auch in großer Menge Fasern freigesetzt, welche während des Waschens von synthetischen Stoffen entstehen (Browne et al., 2011). Eine weitere Gruppe primären Mikroplastiks sind vorgefertigte Pellets für die Herstellung von Plastikprodukten, welche beispielsweise durch Transportverluste in die Ozeane gelangen (Barnes et al., 2009).

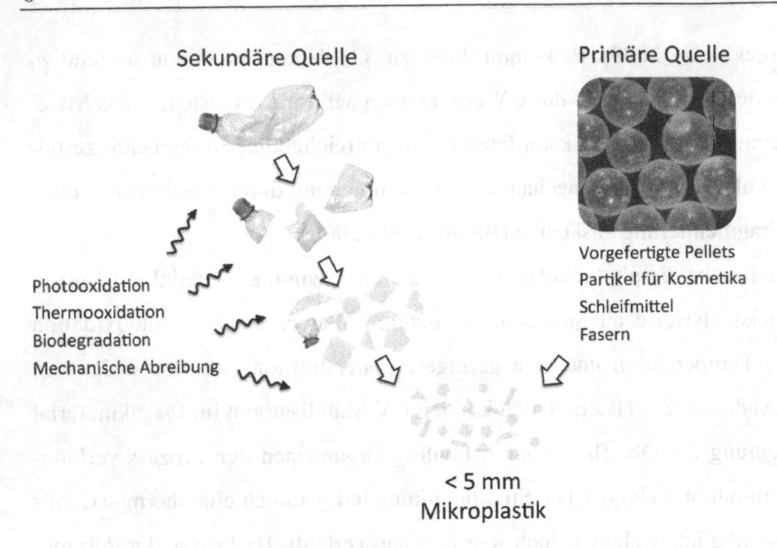

Abb. 2: Schematische Darstellung der beiden Quellen für marines Mikroplastik

Zahlreiche Untersuchungen haben gezeigt, dass Mikroplastik in marinen Habitaten sowohl in der Wassersäule, als auch im Sediment weit verbreitet ist (Thompson et al., 2004, Claessens et al., 2011, Browne et al., 2011, Van Cauwenberghe et al., 2013). Auch unberührte Gebiete, wie die Tiefsee und Arktis, sind von einer Mikroplastikverschmutzung betroffen (Zarfl und Matthies, 2010, Van Cauwenberghe et al., 2013). Die gefundenen Mengen sind sehr variabel und schwanken zwischen 8 Partikeln pro kg Sediment an einem Strand von Großbritannien (Thompson et al., 2004) und 2175 in Venedig (Vianello et al., 2013). Auf der Kachelotplate, einem Hochsand im deutschen Wattenmeer, wurde sogar ein Maximalwert von 49600 Partikeln pro kg Sediment gefunden (Liebezeit und Dubaish, 2012). Verschiedene Studien haben außerdem eine Zunahme von Mikroplastik beschrieben (Thompson et al., 2004, Claessens et al., 2011). Es ist jedoch durch die Verwendung unterschiedlicher Quantifizierungsmethoden und Einheiten (z.B. Partikelzahl, Massenprozent) oftmals schwierig die Ergebnisse verschiedener Studien direkt zu vergleichen.

1.3.2 Toxizität von Mikroplastik

Neben der Langlebigkeit von Plastik, stellt auch die Toxizität ein Umweltproblem dar. Diese kann sowohl bei Makro- als auch bei Mikroplastik auftreten und auf verschiedene Faktoren zurückgehen. Die wichtigsten stellen das Austreten von Plastikmonomeren und Additiven sowie die Akkumulation von Schadstoffen auf Plastikpartikeln dar (Andrady, 2011).

Bereits während der Nutzung eines Plastikprodukts oder nach der Entsorgung können Monomere oder Additive aus dem Material austreten (Teuten et al., 2009). Dies kann durch eine unvollständige Polymerisation begünstigt werden. Zusätzlich spielen die Porengröße der Polymermatrix, die Eigenschaften der Additive und die Umweltbedingungen eine große Rolle für diesen Prozess (Cole et al., 2011). Die bedeutendsten Additive sind Weichmacher, insbesondere Phthalate, welche bis zu 50% der Masse von PVC ausmachen können (Oehlmann et al., 2009). Auch Alkylphenole und Bisphenol A erfahren in diesem Zusammenhang besondere Beachtung (Teuten et al., 2009). Für viele dieser Stoffe sind Wechselwirkungen mit biologischen Prozessen wie Reproduktion, Entwicklung und Zellproliferation bekannt (Barnes et al., 2009, Cole et al., 2011). Ihr Austreten in der Umwelt stellt somit eine potentielle Gefährdung für Tiere dar.

Auf den Plastikpartikeln können außerdem persistente organische Schadstoffe (engl. *persistent organic pollutants*, POPs) akkumulieren. Dabei handelt es sich um synthetische organische Stoffe, welche zu den persistentesten anthropogenen organischen Schadstoffen in der Natur zählen (Rios et al., 2007). Bedeutende Gruppen der POPs sind polycyclische aromatische Kohlenwasserstoffe (engl. *polycyclic aromatic hydrocarbons*, PAHs), polychlorierte Biphenyle (PCBs) und chlororganische Verbindungen, wie beispielsweise das Insektizid Dichlordiphenyltrichlorethan (DDT) (Cole et al., 2011). Einige Stoffe gelten als hoch toxisch und werden als Mutagene, Karzinogene oder endokrine Disruptoren eingestuft (Rios et al., 2007). Aus der Gruppe der PAHs, welche über 100 verschiedene Verbindungen beinhaltet, werden 16 von der US-amerikanischen Umweltbehörde (engl. *US Environmental Protection Agency*, US EPA) als potentiell gefährlich aufgelistet und in der Umwelt überwacht (ATSDR,

2007). Je nach ihrem Ursprung können PAHs als biogen, petrogen oder pyrolytisch klassifiziert werden (Rios et al., 2007). Von biogenen Stoffen spricht man, wenn diese durch natürliche Prozesse wie Diagenese gebildet werden. Pyrolytische Kohlenwasserstoffe entstehen hauptsächlich durch die unvollständige Verbrennung fossiler Brennstoffe. Petrogene Kohlenwasserstoffe befinden sich in Petroleum und gelangen durch den Austritt von Öl in die Umwelt (Piccardo et al., 2001). Ein Beispiel eines im Meer verbreiteten PAHs ist Fluoranthen. Dieses entsteht vor allem durch pyrolytische Prozesse und gehört durch sein mutagenes Potential zu den 16 überwachten PAHs der US EPA (ATSDR, 2007).

Durch die größtenteils anthropogenen Quellen, können die höchsten Konzentrationen dieser Schadstoffe in industriellen Gebieten bzw. Bereichen mit großem anthropogenen Einfluss gefunden werden (Rios et al., 2007). Die Löslichkeit und Verteilung der Schadstoffe im Meer wird außerdem durch die Salinität, Temperatur und gelöstes organisches Material beeinflusst. Bakir et al. (2014) beschrieben die höchste Konzentration von POPs in Ästuarien.

Durch ihre lipophilen Eigenschaften binden POPs an die hydrophobe Oberfläche der Plastikpolymere und akkumulieren dort (Cole et al., 2011). Als eine der ersten beschrieben Mato et al. (2000) die Anlagerung verschiedener POPs auf Plastikpellets und beobachteten eine Zunahme der Konzentrationen während eines 6-tägigen Experiments. Weitere Untersuchungen ergaben Konzentrationen von 1 bis 10.000 ng POPs pro g Plastik für verschiedene Bereiche im Pazifik (Hirai et al., 2011). Für PAHs wurden Werte zwischen 39 und 1200 ng pro g Plastik beschrieben (Rios et al., 2007). Die Untersuchungen von Rios et al. (2007) zeigten dabei Fluoranthen als häufigsten PAH auf Plastikfragmenten im Pazifik.

Die gebräuchlichen Plastikpolymere zeigen eine hohe Anlagerung von Schadstoffen, welche die auf Sedimenten deutlich übersteigt (Teuten et al., 2007, Lee et al., 2014). Die Aufnahmekapazität sowie Anlagerungsraten sind jedoch von vielen Faktoren abhängig, wobei insbesondere der Polymer- und Schadstofftyp eine große Rolle spielt (Bakir et al., 2014). So zeigen PVC und PET beispielsweise geringere Gesamtkonzentrationen und eine schnelle Sättigung mit PAHs (Rochman et al., 2013b). Dabei wurde eine Dauer von mehreren Monaten bis zum Erreichen des Equilibriums für verschiedene Polymer-Schadstoff Kombinationen beschrieben. Im Gegensatz dazu beschrieben Bakir et al. (2014) ein Equilibrium innerhalb von 24 Stunden für alle von ihnen untersuchten Schadstoffe auf PVC und PE. Das verdeutlicht die Abhängigkeit dieses Prozesses von diversen Faktoren, wie der Größe der Partikel und damit verbundenen Oberfläche, der Temperatur oder auch der Verwitterung des Materials. Die Desorption der Schadstoffe findet ebenfalls statt, ist jedoch ein recht langsamer Prozess, welcher bei Plastik mit deutlich geringerer Geschwindigkeit abläuft als bei Sediment (Teuten et al., 2007, Endo et al., 2013).

Durch die zuvor genannten Prozesse können Plastikfragmente in den Ozeanen Schadstoffe akkumulieren und eine bis zu 10^6-fach höhere Konzentration aufweisen, als das umliegende Wasser (Mato et al., 2000). Mit Plastik als Vektor werden POPs weitertransportiert und können Tiere, welche mit diesem in Kontakt kommen, potentiell schädigen.

1.3.3 Auswirkungen von Mikroplastik auf marine Organismen

Durch die geringen Partikelgrößen und die weite Verbreitung kann Mikroplastik von einer Vielzahl mariner Tiere aufgenommen werden (Betts, 2008). Dazu zählen größere Vertebraten, wie Vögel (Colabuono et al., 2009), Fische (Davison und Asch, 2011, Sanchez et al., 2014) und Meeressäuger (Eriksson und Burton, 2003, Fossi et al., 2012). Im Gegensatz zu den Auswirkungen von Makroplastik sind durch Mikroplastik auch Invertebraten stark betroffen. Die Aufnahme der mikroskopischen Partikel wurde bereits für zahlreiche Arten des Zooplanktons, darunter diverse Larvenstadien, beschrieben (Bolton und Havenhand, 1998, Cole et al., 2013, Wright et al., 2013b, Besseling et al., 2014). Da bis zu 70% des Plastiks in den Ozeanen zum Meeresboden sinkt (Vannela, 2012), ist anzunehmen, dass insbesondere benthische Invertebraten von hohen Mikroplastikmengen betroffen sind. Vor allem Deposit- und Suspensionsfresser können die Partikel passiv mit der Nahrung aufnehmen. Für verschiedene Gruppen wurde bereits eine Aufnahme von Mikroplastik dokumentiert. Dazu zählen

Muscheln (Browne et al., 2008), Wattwürmer (Thompson et al., 2004), Seegurken (Graham und Thompson, 2009) und verschiedene Krebstiere (Murray und Cowie, 2011, Goldstein und Goodwin, 2013, Watts et al., 2014). Eine mögliche Aufnahme ist dabei von der Partikelgröße, -form und –verteilung abhängig (Wright et al., 2013a). Außerdem kann ein Transfer von Mikroplastik auf eine höhere trophische Ebene erfolgen. Dies konnte in Krabben, welche Mikroplastik-belastete Muscheln fraßen, gezeigt werden (Farrell und Nelson, 2013) und wurde auch innerhalb verschiedener Trophieebenen von Zooplankton beschrieben (Setala et al., 2014).

Benthische Invertebraten sind oftmals Ökosystem-Ingenieure und erfüllen wichtige Funktionen wie beispielsweise die Bioturbation durch Wattwürmer oder die Festigung des Sediments durch Muschelbänke (Jones et al., 1996). Außerdem stehen sie an der Basis des Nahrungsnetzes und sind eine wichtige Nahrungsquelle für zahlreiche marine Lebewesen. Aus diesen Gründen gilt der Untersuchung möglicher Auswirkungen von Mikroplastik auf benthische Invertebraten besonderes Interesse. In verschiedenen Laborexperimenten konnten solche Auswirkungen bereits nachgewiesen werden. Von Moos et al. (2012) beschrieben Entzündungsreaktionen in *Mytilus edulis* nach nur wenigen Stunden Exposition mit PE-Partikeln (0-80 μm). Dies ging einher mit einer schnellen Akkumulation der Partikel im lysosomalen System und verdeutlicht, dass Mikroplastik in Zellen aufgenommen werden kann. Das bestätigen auch die Ergebnisse von Browne et al. (2008), welche eine Translokation mikroskopischer PVC-Partikel in die Hämolymphe von *Mytilus edulis* beobachteten. Doch nicht nur auf zellulärer Ebene konnten bereits Effekte von Mikroplastik gefunden werden. Wegner et al. (2012) beschrieben eine Reduktion der Filtrationsleistung von *Mytilus edulis* in Anwesenheit besonders kleiner Polystyrolkugeln (30 nm). Diese Studien zeigen, dass schon nach einer kurzen Expositionszeit diverse Effekte des Mikroplastiks zu beobachten sind. Langzeitstudien fehlen für Muscheln jedoch bisher völlig.

Mit Wattwürmern (*Arenicola marina*) wurden bereits Laborexperimente mit einer Dauer von bis zu 28 Tagen durchgeführt. In Folge der Exposition mit PVC-Partikeln traten eine verringerte Nahrungsaufnahme, Entzündungsreaktionen und letztendlich eine Reduktion der Energiereserven auf (Wright et al., 2013b).

Wie zuvor beschrieben liegt Mikroplastik im Meer fast immer mit daran gebundenen Schadstoffen vor. Somit können diese gemeinsam mit dem Plastik von Organismen aufgenommen werden (Cole et al., 2011). Da einige der Stoffe toxisch sind und in sehr hohen Konzentrationen auf Plastik akkumulieren können, stellt dies eine zusätzliche Gefährdung dar. In Anwesenheit von Tensiden, wie sie auch im Verdauungssystem vorkommen, kann es zu einer erhöhten Desorption der POPs von der Polymeroberfläche kommen (Sakai et al., 2000, Bakir et al., 2014). Die Schadstoffe können dann in das Gewebe transportiert werden und dort akkumulieren (Teuten et al., 2009). Der Prozess eines Transfers von POPs zwischen Mikroplastik und Gewebe ist immer konzentrationsabhängig und kann somit auch in die entgegengesetzte Richtung verlaufen. Gouin et al. (2011) beschrieben, dass die Aufnahme von Mikroplastik die Schadstoffbelastung von Organismen auch reduzieren kann, wenn eine höhere Konzentration im Gewebe vorliegt. Außerdem äußerten Koelmans et al. (2013) Zweifel daran, dass Mikroplastik eine Rolle für die Bioakkumulation von POPs spielt. In einem Laborexperiment konnten Besseling et al. (2013) jedoch eine Bioakkumulation von 19 PCBs im Gewebe des Wattwurms durch Mikroplastik nachweisen. Damit verbunden waren eine reduzierte Nahrungsaufnahme und ein geringeres Gewicht der Tiere. Zusätzlich zu POPs können auch Additive des Plastiks, wie Triclosan, in das Gewebe des Wattwurms aufgenommen werden (Browne et al., 2013). In einem 10-tägigen Laborversuch traten bei dieser Art Störungen des Immunsystems, eine geringere Stresstoleranz, eine reduzierte Aktivität und erhöhte Mortalität auf.

Für Organismen höherer trophischer Ebenen kann zusätzlich das Problem der Biomagnifikation auftreten. Durch eine Anreicherung der Schadstoffe im Nahrungsnetz können diese Tiere sehr hohen Konzentrationen ausgesetzt sein (Teuten et al., 2009, Cole et al., 2011).

1.4 *Perna viridis*

Die Muschel *Perna viridis* ist eine Art aus der Familie der Mytiliden. Zu der Gattung gehören drei weitere Arten (*Perna perna, Perna canaliculus, Perna picta*), welche sich deutlich in ihrer Verbreitung unterscheiden (Rajagopal et al., 2006). *Perna viridis* ist ursprünglich im indopazifischen Raum, insbesondere entlang der Küsten Indiens und Südostasiens, verbreitet (Siddall, 1980). Sie tritt jedoch auch als invasive Art im Norden Südamerikas und der Karibik auf (Agard et al., 1992, Baker et al., 2007).

Abb. 3: *Perna viridis* aus der Bucht von Jakarta

Die Art lebt bevorzugt in dichten Kolonien in und unterhalb der Gezeitenzone und ist häufig in Ästuarien mit hoher Salinität zu finden (Rajagopal et al., 2006). Sie zeichnet sich durch eine hohe Toleranz gegenüber Schwankungen abiotischer Faktoren aus; so können Temperaturen von 15-32,5°C und Salinitäten von 20-33‰ toleriert werden (Sivalingam, 1977, Rajagopal et al., 1995). Außerdem werden hohe Mengen suspendierter Feststoffe und Wasserverschmutzung toleriert (Seed und Richardson, 1999, Shin et al., 2002). Durch die hohe Filtrationsaktivität kann *Perna viridis* als Biofilter für die Reduktion organischen partikulären Materials, wie Abfälle aus Aquakulturen, genutzt werden (Gao et al., 2008). Außerdem ist sie als Biomonitor für Schwermetalle und POPs geeignet. So konnten Liu und Kueh (2005) eine Abhängigkeit der PAH Konzentration in *Perna viridis* von der Nähe zu urbanen Zentren feststellen. Die Art ist auch wirtschaftlich von großer Bedeutung.

In der Bucht von Jakarta stellt sie eine der wichtigsten Proteinquellen dar und wurde 2004 von 3000 Fischerfamilien kultiviert. Die Produktion betrug dabei 20-25 Tonnen pro Tag (Arifin, 2004). Da die Bucht für einen hohen Müll- und Schadstoffeintrag sowie hohe Nährstoffkonzentrationen, Sedimentfrachten und Sauerstoffmangel bekannt ist, verdeutlicht die erfolgreiche Kultivierung von *Perna viridis* ihre hohe Stresstoleranz.

Wie zuvor beschrieben sind Muscheln nach Jones et al. (1996) Ökosystem-Ingenieure. Dies beschreibt Organismen, welche direkt oder indirekt die Verfügbarkeit von Ressourcen für andere Arten beeinflussen und somit Habitate schaffen, verändern oder erhalten. Im Falle von Muscheln bezieht sich dies vor allem auf die Sekretion von Byssus und die damit verbundene Bildung von Muschelbänken, welche Sedimente festigen und Erosion vermindern (Bertness, 1984, Jones et al., 1996). Zusätzlich bewirken sie durch aktive Filtration die Ablagerung von partikulärem Material über Faeces und Pseudofaeces, wodurch die Sedimenteigenschaften für andere benthische Organismen verändert werden (Flemming und Delafontaine, 1994, Widdows und Brinsley, 2002). Muschelbänke können verschiedenen Organismen, wie anderen Invertebraten, Algen und kleinen Fischen, als Habitat dienen. Ein weiterer Faktor ist die Verringerung der Trübung, welche sich negativ auf die Photosyntheseleistung von Algen auswirken kann, durch die Filtrationsaktivität (Beukema und Cadée, 1996). Außerdem spielt *Perna viridis,* wie andere Muscheln, durch diese Ernährungsstrategie eine wichtige Rolle für die pelagisch-benthische Energiekopplung (Wong et al., 2003, Ward und Shumway, 2004).

1.5 GAME – Globaler Ansatz durch Modulare Experimente

GAME ist ein Programm des GEOMAR Helmholtz-Zentrum für Ozeanforschung Kiel, welches Studenten mit biologischer/ökologischer Ausrichtung die Durchführung der Masterarbeit im Bereich der Meeresökologie ermöglicht. Es handelt sich um ein internationales Trainings- und Forschungsprogramm, in welchem für die Durchführung der Experimente mit verschiedenen Instituten weltweit kooperiert wird. Die Studenten arbeiten jeweils in Teams bestehend aus einem deutschen und einem ausländischen Studenten. An jedem GAME-Projekt können bis zu 8 Teams teilnehmen und je nach Themengebiet sind entsprechend 8 von insgesamt 34 Partnerinstituten beteiligt. Das Besondere an dem Konzept von GAME ist, dass alle Teams die gleichen Experimente, jedoch in unterschiedlichen Systemen und mit unterschiedlichen Arten, durchführen. Dadurch werden vergleichbare Ergebnisse erzielt, welche eine globale Analyse komplexer Fragestellungen ermöglichen. Die Vorbereitung der Experimente sowie die abschließende Datenanalyse erfolgt mit allen Teilnehmern am GEOMAR, während die Teams einzeln ihre Experimente im Ausland durchführen.

An dem GAME-Projekt XII, welches sich mit dem Einfluss von Mikroplastik auf benthische Invertebraten beschäftigte, nahmen Institute aus Brasilien, Chile, Indonesien, Japan, Mexiko, Portugal und Wales teil (Abbildung 4). Pro Team sollten zwei Arten, ein Depositfresser und ein Filtrierer, untersucht werden (Tabelle 1), so dass jeder Teilnehmer seine Abschlussarbeit zu einer anderen Art verfassen konnte.

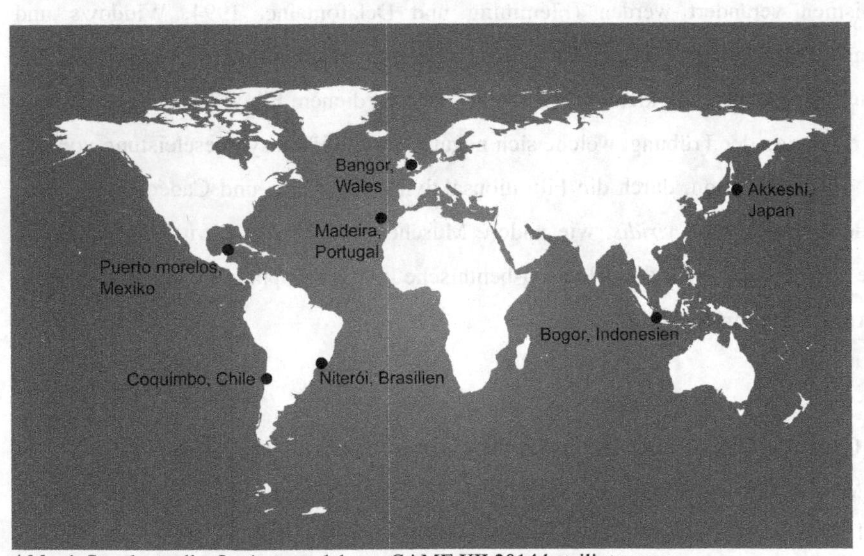

Abb. 4: Standorte aller Institute, welche an GAME XII 2014 beteiligt waren

Tab. 1: Übersicht der Versuchsorganismen (unter Angabe der entsprechenden Klassen) aller GAME-Stationen 2014

GAME-Station	Depositfresser	Filtrierer
Brasilien (Niterói)	*Uca rapax* (Krebse, Malacostraca)	*Perna perna* (Muscheln, Bivalvia)
Chile (Coquimbo)	*Ochetostoma baronii* (Igelwürmer, Echiura)	*Perumytilus purpuratus* (Muscheln, Bivalvia)
Indonesien (Bogor)	*Holothuria leucospilota* (Seegurken, Holothuroidea)	*Perna viridis* (Muscheln, Bivalvia)
Japan (Akkeshi)	*Abarenicola pacifica* (Vielborster, Polychaeta)	*Mytilus trossulus* (Muscheln, Bivalvia)
Mexiko (Puerto morelos)	*Eupolymnia rullieri* (Vielborster, Polychaeta)	*Isognomon radiatus* (Muscheln, Bivalvia)
Portugal (Madeira)	*Holothuria sanctori* (Seegurken, Holothuroidea)	*Megabalanus azoricus* (Maxillopoda)
Wales (Bangor)	*Arenicola marina* (Vielborster, Polychaeta)	*Mytilus edulis* (Muscheln, Bivalvia)

1.6 Zielsetzung von GAME XII 2014

Das Ziel des GAME-Projekts 2014 war es den Einfluss von Mikroplastik auf benthische Invertebraten zu untersuchen. Wie zuvor beschrieben ist davon auszugehen, dass insbesondere diese Organismen von einer zunehmenden Mikroplastik-Verschmutzung betroffen sind (siehe Abschnitt 1.3.3). Es konnte gezeigt werden, dass verschiedene Arten die Partikel aufnehmen und in einigen Fällen negative Folgen auftreten (von Moos et al., 2012, Browne et al., 2013). Die Anzahl solcher Untersuchungen ist jedoch noch sehr begrenzt und die gewählten Szenarien lassen oft keine direkten Rückschlüsse auf reale Bedingungen zu. So wurden bisher oft Mikroplastikmengen von 5% oder sogar 7,4% gewählt (Besseling et al., 2013, Wright et al., 2013b), welche deutlich über allen bisher gefundenen Werten liegen. Ein weiterer Faktor ist die Dauer der Experimente. Während der Planung des GAME-Experiments waren nur Versuche mit einer maximalen Dauer von 28 Tagen bekannt (Besseling et al., 2013), während viele sogar nur für wenige Stunden durchgeführt wurden (von Moos et al., 2012, Wegner et al.,

2012). In ihrem natürlichen Habitat sind Organismen jedoch ihr ganzes Leben lang der dortigen Mikroplastikbelastung ausgesetzt und daraus resultierende Effekte könnten erst nach einer Langzeitexposition auftreten.

Das Ziel von GAME war es möglichst realitätsbezogene Experimente durchzuführen. Aus den erzielten Ergebnissen sollten sich die Folgen von Mikroplastik auf die Arten in ihrem natürlichen Habitat ableiten lassen. Als Maximalwert wurden 3% Mikroplastikanteil im Sediment gewählt, da der höchste bisher beschriebene Plastikanteil in Sedimenten 3,2% beträgt (Kamilo Beach auf Hawaii) (Carson et al., 2011). Die weiteren Mikroplastik-Massenanteile (0,3% und 0,03%) wurden auf einer logarithmischen Skala gewählt, um eine möglichst große Spanne abzudecken und so den Schwellenwert, ab welchem ein Effekt auftritt, eingrenzen zu können. Außerdem sollte die Dauer der Experimente in dem vorgegebenen Rahmen des Projekts maximiert werden und 2-3 Monate betragen.

Ein weiterer Aspekt, welcher in die Experimente eingebracht werden sollte, ist die Kontamination von Mikroplastik mit organischen Schadstoffen. Um nicht zu viele Faktoren zu variieren, wurde nur ein Schadstoff in einer Konzentration benutzt. Auf Grund der weiten Verbreitung, der hohen Akkumulation auf Plastik und der Toxizität für marine Organismen fiel die Wahl auf Fluoranthen.

Als Plastikmaterial wurde PVC gewählt, welches einen der am häufigsten hergestellten Polymertypen darstellt (Andrady, 2011).

Der Einfluss von Mikroplastik auf benthische Invertebraten sollte in Hälterungsexperimenten im Labor untersucht werden. Während und nach der Mikroplastik-Exposition sollten verschiedene Antwortvariablen, wie Respiration, Wachstum, Filtrationsleistung und Bewegungsaktivität, gemessen werden, welche sich über die verschiedenen Arten vergleichen lassen.

Für diese Arbeit sollte der Einfluss von Mikroplastik auf die Muschel *Perna viridis* in Indonesien untersucht werden. Für diese, wie für die meisten anderen Arten des GAME-Projekts, gibt es bisher keine Studien zu Mikroplastik und mögliche Folgen waren zu Beginn des Experiments völlig unklar.

Vor Beginn der Arbeit wurden folgende Hypothesen aufgestellt:

1) Mikroplastik hat einen Einfluss auf die physiologische Leistungsfähigkeit und die Mortalität von *Perna viridis*.
2) Die Effektstärke ändert sich mit der Mikroplastikmenge.
3) Die Effektstärke ändert sich mit der Anwesenheit des Schadstoffes Fluoranthen.

2 Material und Methoden

2.1 Standort

Die Experimente für diese Arbeit wurden in Indonesien, in der Umgebung von Jakarta, durchgeführt. Das indonesische Partnerinstitut war das ,Department of Marine Science and Technology' (FPIK) der Universität von Bogor (IPB). Alle Laborarbeiten fanden dort, im javanesischen Inland, statt.

Die Muscheln der Art *Perna viridis* wurden für das Experiment in der Bucht von Jakarta (Koordinaten: -6° 4' N, 106° 43' O) gesammelt. Diese unterliegt starken anthropogenen Einflüssen durch die Metropolregion von Jakarta mit circa 30 Millionen Einwohnern. Über 13 Flüsse gelangen ungeklärte Abwässer und Müll in das Meer. Außerdem erfolgt eine Verschmutzung durch diverse Industrien. Die Bucht ist für hohe Konzentrationen an Schadstoffen, Schwermetallen und Nährstoffen bekannt. Hinzu kommen große Sedimentfrachten und häufiger Sauerstoffmangel (Arifin, 2004).

Sedimentproben für ein Mikroplastik-Monitoring wurden auf der Insel Rambut (Koordinaten: -5° 58' N, 106° 41' O) genommen. Diese befindet sich nordwestlich der Bucht von Jakarta und ist leicht zugänglich.

Die Insel selbst ist ein ausgewiesenes Schutzgebiet ohne menschliche Nutzung, abgesehen von einem kleinen Informationszentrum. Sie steht jedoch stark unter dem Einfluss der nahen Metropolregion von Jakarta, was durch die Müllverschmutzung der Strände deutlich wird. An dem Strand, an welchem die Sedimentproben genommen wurden, gibt es keine menschlichen Aktivitäten wie Müllentsorgung oder Aufschüttung.

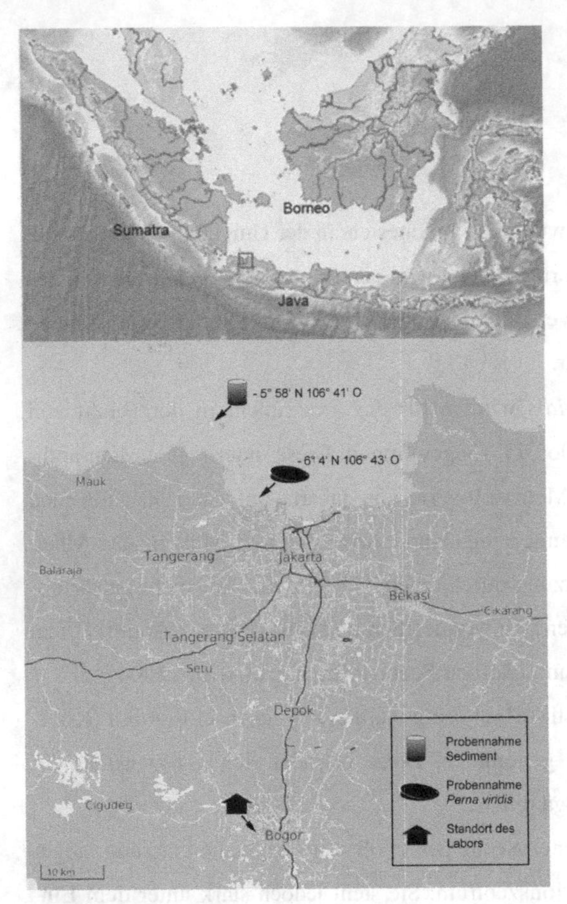

Abb. 5: Das Bild oben zeigt eine Übersicht von Westindonesien. Der markierte Kasten ist im Bild unten vergrößert. In diesem sind die Standorte der Probennahmen (*Perna viridis* und Sediment) sowie des Labors dargestellt. (Die obere Karte unterliegt der GNU Free Documentation License, die untere Karte wurde verändert auf Basis von openstreetmap.org)

2.2 Probennahme und Vorversuch

Perna viridis wird in der Bucht von Jakarta von lokalen Fischern an Bambusstangen kultiviert. Dort wurden die Tiere für diesen Versuch abgesammelt (Koordinaten: -6° 4' N, 106° 43' O, Abbildung 5) und in einer isolierten Box circa 2 Stunden nach Bogor in das Labor transportiert. Dort wurden sie in frischem Meerwasser von Aufwuchs ge-

säubert, mit einer Schere vorsichtig voneinander getrennt und anschließend zu je 30 Tieren in Glasaquarien mit jeweils 20 l Meerwasser und einem Luftdiffusor überführt. Es wurden nur Muscheln mit einer Schalenlänge von 3,5 bis 4 cm verwendet. Dafür wurde mit einer Schieblehre die craniocaudale Länge gemessen. Zur Akklimatisierung wurden die Tiere vor Beginn des Experiments zwei Wochen in den Glasaquarien gehalten. Während dieser Zeit wurde täglich die Hälfte des Wassers ausgetauscht und zweimal täglich erfolgte eine Fütterung mit einer *Isochrysis*-Kultur (näheres siehe Abschnitt 2.4.4). In der ersten Hälfte der Akklimatisierung betrug die Mortalität unter den Muscheln 19%, in der zweiten Hälfte fiel diese jedoch auf 9% und an den letzten beiden Tagen kam es zu keinem Sterbeereignis mehr.
Mit einigen Muscheln, welche später für das Hauptexperiment keine Verwendung fanden, wurde zuvor getestet, ob *Perna viridis* das verwendete Mikroplastik aus der Wassersäule aufnimmt. Dies wurde durch das Mikroskopieren der Faeces überprüft.

2.3 Versuchsdesign

Um die Auswirkungen von kontaminiertem Mikroplastik auf *Perna viridis* zu untersuchen, wurden im Labor Hälterungsexperimente durchgeführt, in welchen die Muscheln verschiedenen, definierten Partikelmengen ausgesetzt wurden. Ziel war es ein Szenario nachzustellen, in welchem bereits sedimentiertes Mikroplastik durch Wasserbewegungen re-suspendiert wird und somit Filtrierern in Bodennähe zur Verfügung steht und von diesen aufgenommen werden kann. Dafür wurde angenommen, dass 5% des verwendeten Gesamtvolumens der Versuchsbehälter (1,2 l) von Sediment eingenommen wird, während das Restvolumen mit Wasser gefüllt ist. Anhand der aus dieser Annahme resultierenden Sedimentmenge pro Behälter wurden die entsprechenden Mikroplastikdosen berechnet. Es wurden Massenanteile entlang einer logarithmischen Skala gewählt; 0,03%, 0,3% und 3% der zuvor festgelegten 5% Sediment pro Behälter bestanden aus Mikroplastik, um mögliche Effekte innerhalb eines großen Spektrums verschiedener Mikroplastikmengen untersuchen zu können. Ein Massenanteil von 0,03% Mikroplastik im Sediment ist schon heute in verschiedenen Gebieten erreicht (Norén,

2007, Vianello et al., 2013) und diese Behandlungsstufe stellt damit einen realistischen Wert für küstennahe Ökosysteme dar. Höhere Anteile wie 0,3% oder 3% liegen deutlich über den meisten der aktuell bekannten Werte, konnten aber vereinzelt schon gefunden werden, wie das Beispiel des Kamilo Beach in Hawaii mit einem Plastikanteil von 3,2% zeigt (Carson et al., 2011). Mit der immer noch anhaltenden Plastikverschmutzung der Meere ist außerdem davon auszugehen, dass die Mikroplastikabundanzen in vielen Gebieten in der Zukunft weiter steigen werden.

Unter der Annahme, dass während der Gezeitenwechsel, also bei ein- oder auslaufendem Wasser (Tidenhub in der Bucht von Jakarta: bis zu 1 m (http://tide-forecast.com/locations/Jakarta/tides)), eine besonders starke Resuspension von anorganischem und organischen partikulärem Material erfolgt, sollte dies im Experiment zwei Mal pro Tag simuliert werden. Für jeweils 2 Stunden am Morgen und nach 6 Stunden Pause für weitere 2 Stunden am Abend wurde daher die komplette Wassersäule in den Versuchsbehältern bewegt. Auf diese Weise sollte eine vollständige Resuspension des Mikroplastikmaterials erreicht werden.

Wie in Abschnitt 1.3.2 beschrieben, können POPs auf Plastikpartikeln im Meer akkumulieren und damit möglicherweise eine Gefährdung für Tiere darstellen, welche diese Partikel aufnehmen. Dieser Aspekt wurde in das Experiment miteinbezogen, indem das verwendete Mikroplastik vor der Zugabe zu den Versuchsbehältern in einer Lösung mit Fluoranthen inkubiert wurde (siehe Abschnitt 2.4.3).

In einer Kontrollgruppe wurden Muscheln ohne den Zusatz von Mikroplastik, aber unter ansonsten identischen Bedingungen, gehalten. Zusätzlich zu den Behandlungsgruppen mit Fluoranthen-kontaminiertem Mikroplastik, wurde eine Gruppe von Muscheln in der Gegenwart von unbehandeltem Mikroplastik gehalten. Als Massenanteil des Plastiks wurde hier 3% der Sedimentmenge gewählt. Damit sollte getestet werden, ob die An- oder Abwesenheit von Fluoranthen mögliche Effekte des Mikroplastiks beeinflusst. Auf ein voll gekreuztes, zwei-faktorielles Versuchsdesign mit nicht kontaminiertem Mikroplastik in allen Massenanteilen (0,03%, 0,3% und 3%) musste auf Grund von Platzmangel allerdings verzichtet werden.

Tabelle 2 zeigt eine Übersicht über die verschiedenen Behandlungsgruppen. Jede bestand aus 15 Replikaten.

Neben dem Mikroplastik wurde allen Versuchsbehältern Sediment zugefügt. Es sollte eine natürliche Resuspension simuliert werden, bei welcher Mikroplastik und Sediment zusammen in die Wassersäule gelangen. Dabei wurden jedoch nicht die kompletten 5% des Wasservolumens an Sediment hinzugefügt, sondern nur 0,05% des Gesamtvolumens, um eine vollständige Resuspension zu erreichen und eine Schädigung der Muscheln durch eine zu hohe Menge suspendierten Sediments zu vermeiden (siehe Abschnitt 2.4.3, Abbildung 9).

Tab. 2: Übersicht über die Mikroplastik-Massenanteile und die Präsenz von Fluoranthen innerhalb der fünf Behandlungsgruppen

Behandlungsgruppe	Mikroplastik-Massenanteil	Fluoranthen
0%	0%	nein
0,03%	0,03%	ja
0,3%	0,3%	ja
3%	3%	ja
3%*	3%	nein

2.4 Versuchsaufbau

Die Muscheln wurden während des Hauptexperiments einzeln in runden Plastikbehältern mit einem Volumen von 1,4 l gehalten. Diese wurden jeweils mit 1,2 l Meerwasser befüllt und mit einem Deckel locker verschlossen. Alle Replikate standen während des kompletten Experiments nebeneinander auf einem Tisch und sollten somit vergleichbaren räumlichen Bedingungen, wie Temperatur und Licht, ausgesetzt gewesen sein (Abbildung 6).

Abb. 6: Anordnung der Versuchsbehälter *mit Perna viridis* im Labor

Für eine ausreichende Sauerstoffversorgung wurde jedem Behälter ein Luftdiffusor zugefügt, welcher ununterbrochen an eine Luftpumpe angeschlossen war. Dabei wurde darauf geachtet, dass die Luftzufuhr für jedes Tier ungefähr die gleiche Stärke aufwies. Zusätzlich befand sich in jedem Behälter ein zweiter Diffusor, welcher für die zweimal tägliche Resuspension der Mikroplastikpartikel genutzt wurde. Diese Diffusoren waren an eine zweite Luftpumpe angeschlossen, welche über eine Zeitschaltuhr gesteuert werden konnte. Somit war es möglich die Resuspensionszeiten täglich anzupassen. Die Luftzufuhr wurde so stark eingestellt, dass die komplette Wassersäule bewegt und damit eine vollständige Resuspension des Mikroplastiks und des vorhandenen Sediments erreicht wurde. Um möglichst sicherzustellen, dass die Muscheln während dieser Phase auch filtrieren, erfolgte die Resuspension immer im Anschluss an die Fütterungen (siehe Abschnitt 2.4.4).

2.4.1 Wasserversorgung

Auf Grund der geographischen Lage Bogors im Inland von Java ist dort keine ständige Versorgung mit Meerwasser möglich. Somit muss es in großen Wassertanks im Labor gelagert und wiederverwendet werden. An jeden Vorratstank ist daher ein biologischer Filter angeschlossen, durch welchen das Wasser ununterbrochen gepumpt wird.

Vor Beginn des Experiments erfolgte eine Lieferung von 2000 l neuem Meerwasser aus Jakarta, welches vor der Verwendung für 2 Wochen in den Vorratstanks gelagert und gefiltert wurde. Für die verschiedenen Behandlungsgruppen standen unterschiedliche Vorratstanks zur Verfügung und die Versuchsbehälter der Kontrolle ohne Mikroplastik (0%), die Behälter mit Mikroplastik und Fluoranthen (0,03%, 0,3% und 3%) sowie die Behälter mit Mikroplastik ohne Fluoranthen (3%*) wurden aus getrennten Wasserkreisläufen versorgt (Abbildung 7). Dies sollte sicherstellen, dass es während des Wasserrecyclings zwischen den Behandlungsgruppen nicht zu einer gegenseitigen Kontamination durch Mikroplastik oder Fluoranthen kommt. Täglich wurde in jedem Versuchsbehälter die Hälfte des Wasservolumens ausgetauscht. Um den Verlust von Mikroplastik durch den Austausch so gering wie möglich zu halten, wurde für eine Stunde die Luftzufuhr abgestellt, so dass sich die Partikel absetzen konnten. Anschließend wurden 50% des Wassers vorsichtig abgekippt und sofort wieder aufgefüllt. Aus jedem getrennten Wasserkreislauf wurde das abgekippte Wasser zuerst in einer großen Wanne gesammelt und vor der Rückführung in den Vorratstank durch einen 2 μm Filter gepumpt. Die Wasserqualität in den Tanks wurde regelmäßig überprüft, indem die Konzentrationen von Ammonium, Nitrat/Nitrit und Phosphat sowie der pH-Wert und die Salinität gemessen wurden.

Nach 35 Tagen wurde die Wasserversorgung für die Versuchsbehälter der Kontrolle nach einer plötzlich auftretenden hohen Mortalität unter den Muscheln in dieser Gruppe gewechselt. Dafür wurden 80 l neues Meerwasser von einem lokalen Aquarienhändler bezogen und in einem sauberen Becken gelagert und gefiltert. Bis zum Ende des Experiments wurde nur noch diese Wasserquelle für die Muscheln der Kontrollgruppe verwendet.

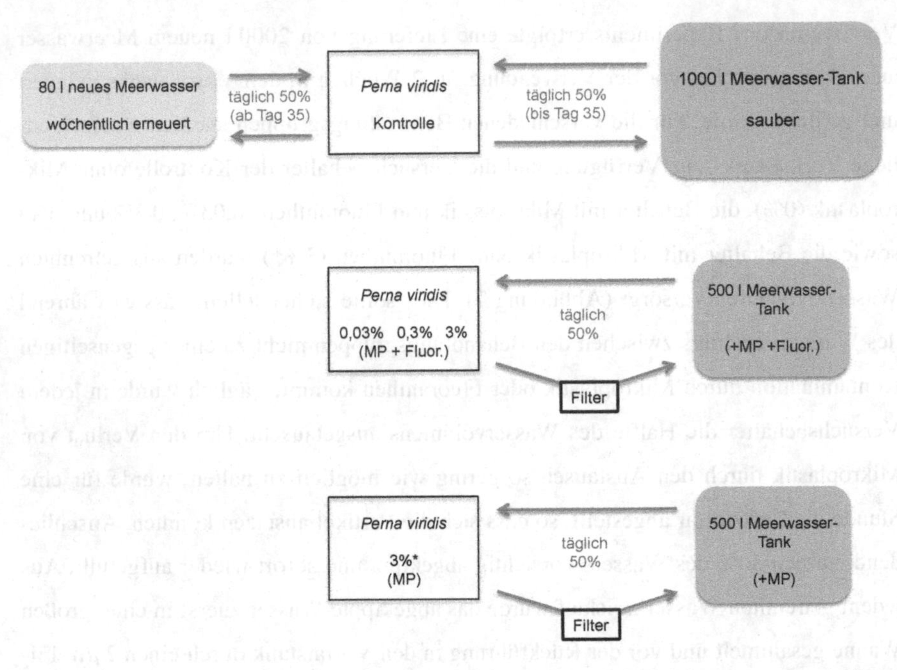

Abb. 7: Schematische Darstellung der drei Wasserkreisläufe. Für die Behandlungsgruppen mit Fluoranthen-kontaminiertem Mikroplastik (0,03%, 0,3%, 3%), nicht-kontaminiertem Mikroplastik (3%*) und der Kontrollgruppe ohne Mikroplastik (0%) wurde je eine andere Quelle benutzt. Im Falle der Kontrolle wurde die Wasserquelle nach 35 Tagen gewechselt. Täglich wurden 50% des Wassers in allen Versuchsbehältern ausgetauscht. In allen Gruppen mit Mikroplastik wurde das Wasser vor der Rückführung durch einen 2 μm Filter gepumpt.

2.4.2 Plastikmaterial

Bei dem verwendeten Mikroplastik handelte es sich um PVC der Firma PyroPowders. Die Partikel wiesen eine unregelmäßige Struktur und eine Größe von 1-50 μm auf, wobei der Großteil der Partikel kleiner als 4 μm war (Abbildung 8). Das Material enthält einen geringen Anteil an Zinn-Stabilisatoren (<1%) und während der Produktion wird ein Emulgator aus Natrium-Alkyl-Sulfonat (Mersolan E30) verwendet. Außer diesen Stoffen sind keine Additive enthalten.

PVC wurde gewählt, da es einer der häufigsten Bestandeile von Plastikmüll im Meer ist und 19% der globalen Kunststoffproduktion ausmacht (Andrady, 2011). Außerdem hat PVC mit 1,38 g/cm^3 eine höhere Dichte als Wasser und sinkt in das Sediment, wo es wiederum resuspendiert werden kann. Diese Eigenschaft war eine Voraussetzung für das Experiment.

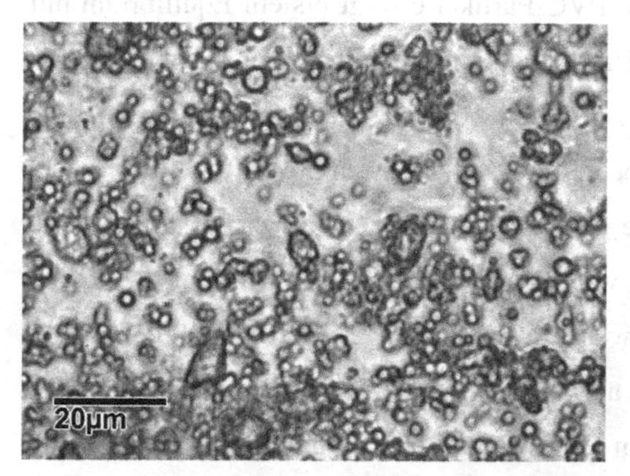

Abb. 8: Mikroskopische Aufnahme der verwendeten PVC-Partikel (Foto: M. Perschke)

2.4.3 Kontamination des Mikroplastik mit Fluoranthen

Wie in Abschnitt 2.3 beschrieben, wurde das verwendete Mikroplastik mit dem organischen Schadstoff Fluoranthen kontaminiert. Zu diesem Zweck wurde das PVC vor dem Gebrauch für 24 Tage in einer Fluoranthen-Meerwasser Lösung mit einer Konzentration von 2 μg Fluoranthen pro l Meerwasser inkubiert. Da Fluoranthen ein hydrophober Feststoff ist, wurde dieses zuerst in Aceton gelöst und eine Stammlösung mit 0,1 mg Fluoranthen pro ml Aceton hergestellt. Diese wurde in einem verschraubbaren Glas dunkel im Kühlschrank gelagert. Für die Inkubation wurden zu 500 ml Meerwasser 10 μl der Fluoranthen-Stammlösung beigefügt und gut vermischt. Diese Lösung wurde anschließend in ein Becherglas mit 100 g PVC gegeben. Um eine konstante Durchmischung zu erreichen, wurde eine kleine Pumpe im Becherglas installiert, welche ununterbrochen arbeitete. Die Temperaturen im Labor lagen mit knappen 30°C meist recht hoch. Aus diesem Grund wurde das Becherglas mit Alufolie bestmöglich verschlossen, um den Verlust von Wasser durch Evaporation zu minimieren. Um die Desorption des Fluoranthens, welche temperaturabhängig ist (Bakir et al., 2014), von den PVC-Partikeln zu reduzieren, wurde das Becherglas in ein Wasserbad gestellt, welches täglich mit gekühltem Wasser erneuert wurde. Die Temperatur des Wassers betrug zu Beginn circa 10°C, nach einem halben Tag (circa 5 Stunden) war diese jedoch wieder auf Raumtemperatur angestiegen.

Die Anlagerung von Fluoranthen an die PVC-Partikel erfolgt bis ein Equilibrium mit dem umgebenden Wasser erreicht ist. Um jedoch eine möglichst hohe Akkumulation des Schadstoffes auf dem Mikroplastik zu erreichen, wurde die Inkubationslösung alle 4 Tage erneuert. Dafür wurde die Pumpe entfernt, so dass sich die Partikel über Nacht absetzen konnten. Im Anschluss wurde so viel Fluoranthen-Meerwasser Lösung wie möglich entfernt, ohne Mikroplastik zu verlieren. Das Becherglas wurde dann mit der gleichen Menge an neuer Lösung, welche unter Verwendung der Fluoranthen-Stammlösung frisch hergestellt wurde, aufgefüllt. Dieser Austausch wurde währende der 24 Tage 5 Mal durchgeführt und am letzten Tag erfolgte ein Waschschritt. In diesem wurde nach dem Absinken der Partikel wie zuvor die Lösung entfernt und dann durch reines Meerwasser ersetzt. In der darauf folgenden einstündigen Durchmischung sollte sich Fluoranthen, welches nicht an die PVC-Partikel gebunden hatte, ausgewaschen werden. Es folgte wie zuvor der Austausch des Wassers durch neues reines Meerwasser. Aus diesem Ansatz wurde dann das Mikroplastik für das Experiment entnommen. Das nicht-kontaminierte Mikroplastik wurde in gleicher Weise behandelt, aber für 24 Tage nur in reinem Meerwasser inkubiert.

In allen Versuchsbehältern wurde das Mikroplastik während des Experiments wöchentlich erneuert. Um dafür frisch inkubiertes Material verwenden zu können, wurde sukzessiv jede Woche eine neue Inkubation angesetzt. Zusätzlich zum Mikroplastik wurde in den Versuchsbehältern auch das Sediment ausgetauscht, wofür getrockneter Sand von der Insel Rambut (Koordinaten: -5° 58' N, 106° 41' O, Abbildung 5) verwendet wurde. Wie im Abschnitt 2.3 beschrieben, wurde für jeden Versuchsbehälter eine Sedimentfracht von 5% des Gefäßvolumens angenommen. Dieses wurde jedoch nicht in dieser Mengen hinzugefügt, sondern nur 1% dieser Menge (0,05% des Gesamtvolumens). Da aus logistischen Gründen recht kleine Versuchsbehälter verwendet wurden, wäre mit den zur Verfügung stehenden Mitteln eine vollständige Resuspension der 5% Sediment nicht möglich gewesen. Außerdem hätte eine so hohe Menge suspendierten Sediments vermutlich zu einer Schädigung der Muscheln geführt. Die 5% entsprechen bei 1,2 l 60 ml. Für typische Sandsedimente mit einer homogenen Korngröße und einem geringen Anteil an organischem Material entspricht dies wiederum einer Masse von 86,4 g (Faktor 1,44 (http://aqua-calc.com/calculate/volume-to-weight)). Die Massenanteile des Mikroplastiks (0,03%, 0,3% und 3%) beziehen sich auf diesen Wert, woraus sich Massen von 0,026 g, 0,259 g und 2,592 g pro Behälter ergeben. Für das tatsächlich zugegebene Sediment wurde ein Wert von 1% gewählt, was 0,864 g entspricht.

In Vorexperimenten wurde untersucht, in welchem Verhältnis das Nassgewicht des Plastiks (100 g PVC in 500 ml Meerwasser) zu dessen Trockengewicht steht (Tabelle 15, Anhang). Um den Verlust von Fluoranthen durch Evaporation zu vermeiden, sollte nämlich darauf verzichtet werden die Partikel nach der Inkubation zu trocknen. Daher wurde das Mikroplastik für die Versuchsbehälter direkt dem Plastik-Wasser-Gemisch entnommen und ohne vorheriges Abtrocken eingesetzt. Wiederholte Messungen ergaben, dass die Durchmischung des Plastik-Wasser-Gemisches durch die Pumpen zu einer homogenen Verteilung der Partikel führt. Es ließ sich ein Verhältnis des Nassgewichts zum Trockengewicht von 5,764 mit einer Standardabweichung von 0,026 bestimmen. Dies wurde als ausreichend genau erachtet und mit diesem Faktor wurden dann die den oben genannten Trockengewichten entsprechenden Nassgewichte für die Mikroplastik-Massenanteile berechnet (Abbildung 9).

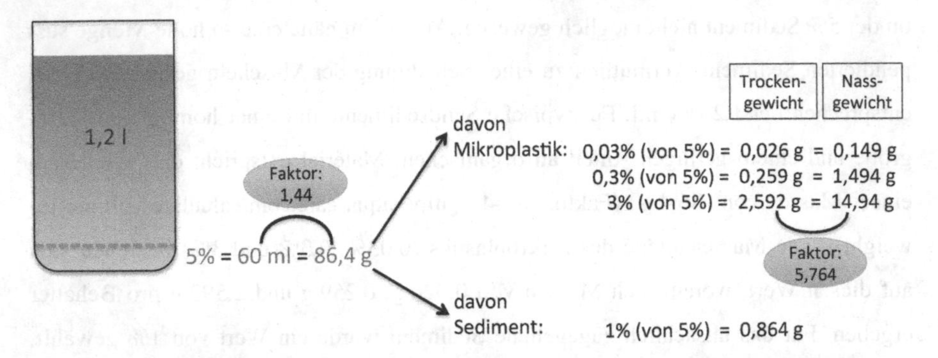

Abb. 9: Übersicht der berechneten Mikroplastik- und Sedimentmengen für alle Behandlungsgruppen. Es wurde angenommen, dass 5% des Gesamtvolumens der Behälter (1,2 l) Sediment entspricht. Anhand dieses Wertes (86,4 g) wurden die Massenanteile des Mikroplastiks berechnet. Unabhängig von der Mikroplastikmenge wurde in jedem Behälter 0,05% des Gesamtvolumens (1% von 5%) mit Sediment aufgefüllt.

2.4.4 Fütterung

Während des Experiments wurden die Muscheln zweimal täglich mit einer *Isochrysis galbana* Monokultur gefüttert, welche im Labor in F2 Medium (Guillard und Ryther, 1962, Guillard, 1975) angezogen wurde. Dafür wurde in einem Erlenmeyerkolben zu einem Liter autoklaviertem Meerwasser je 1 ml von vier verschiedenen Lösungen mit Nitrat, Phosphat, Spurenelementen und Vitaminen (Tabelle 3) zugegeben und gut vermischt. Anschließend wurden 10 ml einer *Isochrysis*-Startkultur hinzugefügt, der Kolben mit Alufolie verschlossen und unter eine Lampe gestellt. Mit Hilfe einer Zählkammer (Sedgewick Rafter) wurde täglich die Zellzahl in der Lösung bestimmt, so dass eine Muschel immer $2*10^6$ Zellen pro Fütterung erhielt.

Tab. 3: Zusammensetzung und Konzentration der Lösungen zur Herstellung des F2 Mediums

Nitrat-Lösung	**Endkonzentration im Medium**
$NaNO_3$	$8{,}82 \cdot 10^{-4}$ M
Phosphat-Lösung	**Endkonzentration im Medium**
NaH_2PO_4	$3{,}62 \cdot 10^{-5}$ M
Spurenelemente-Lösung	**Endkonzentration im Medium**
$FeCl_3\ 6H_2O$	$1{,}17 \cdot 10^{-5}$ M
$Na_2EDTA\ 2H_2O$	$1{,}17 \cdot 10^{-5}$ M
$CuSO_4\ 5H_2O$	$3{,}93 \cdot 10^{-8}$ M
$Na_2MoO_4\ 2H_2O$	$2{,}60 \cdot 10^{-8}$ M
$ZnSO_4\ 7H_2O$	$7{,}65 \cdot 10^{-8}$ M
$CoCl_2\ 6H_2O$	$4{,}20 \cdot 10^{-8}$ M
$MnCl_2\ 4H_2O$	$9{,}10 \cdot 10^{-7}$ M
Vitamin-Lösung	**Endkonzentration im Medium**
Thiamin HCl (Vit. B_1)	$2{,}96 \cdot 10^{-7}$ M
Biotin (Vit. H)	$2{,}05 \cdot 10^{-9}$ M
Cyanocobalamin (Vit. B_{12})	$3{,}69 \cdot 10^{-10}$ M

2.5 Aufgenommene Daten und Messwerte

2.5.1 Filtrationsleistung

Um zu prüfen, ob die Aufnahme von kontaminiertem Mikroplastik oder nicht-kontaminiertem Mikroplastik (3%*) einen Einfluss auf die physiologische Leistung von *Perna viridis* hat, wurde die Filtrationsleistung gemessen. Dafür wurde die aufgenommene Menge an *Isochrysis*-Zellen pro Zeiteinheit bestimmt. Die Muscheln wurden für die Messungen in saubere Behälter mit 500 ml Meerwasser überführt und für 2 Stunden ruhen gelassen, um den Einfluss von Stress durch das Umsetzen gering zu halten. Nachdem sichergestellt war, dass alle Muscheln geöffnet waren, wurden zu jedem Behälter 25 ml der *Isochrysis*-Kultur (Konzentration: $1{,}07 \cdot 10^6$ Zellen pro ml) dazugegeben und vorsichtig vermischt, wobei darauf geachtet wurde, dass die Muscheln weiterhin geöffnet waren und nicht gestört wurden. Mit Hilfe einer Spritze wurden 2 ml Wasser vor dem großen Siphon der Muschel entnommen. Zu dieser ersten Probe wurden 2 Tropfen Lugolsche Lösung zugegeben, um die Zellen zu fixieren. Die Probe wurde anschließend im Kühlschrank gelagert. Nach 30 Minuten wurde in gleicher Weise eine zweite Probe genommen und wie zuvor behandelt. Die Proben wurden mit Hilfe einer Zählkammer (Sedgewick Rafter) ausgezählt. Diese stellt einen Objektträger mit einer Kammer dar, in welche ein definiertes Volumen von 1 ml pipettiert werden kann. Die Kammer ist in 1000 Kleinquadrate geteilt, von welchen für jede Probe 20 ausgezählt wurden. Aus diesen wurde der Mittelwert gebildet und damit die Zellzahl pro ml berechnet. Um den Zellen genug Zeit zu geben auf eine Ebene abzusinken, wurde jede Probe 20 Minuten vor der Zählung in die Kammer überführt. Unter der Annahme, dass die Zellen während der Filtration gleichmäßig in dem Wasservolumen verteilt waren und die Retention der Muschel 100% beträgt, wurde aus der prozentualen Abnahme der Zellen nach 30 Minuten die Filtrationsrate in l/h berechnet. Um einen Referenzwert für die Filtrationsleistung zu erhalten, wurde die Messung mit 20 Muscheln, welche nicht für das Experiment eingesetzt wurden, durchgeführt. Mit den Tieren des Experiments erfolgte die Messung 40 Tage nach Beginn der Mikroplastik-Exposition.

2.5.2 Respirationsrate

Um zu testen ob die Hälterung in Gegenwart von kontaminiertem und nicht-kontaminiertem Mikroplastik einen Einfluss auf den Metabolismus der Muscheln hat, wurde die Respirationsrate gemessen. Diese wurde als die Abnahme von gelöstem Sauerstoff pro Wasservolumen pro Zeiteinheit bestimmt. Die Aufnahme von Sauerstoff wird oft als messbarer Indikator für die Respirationsrate genutzt (Lampert, 1984). Dafür wurde jedes Tier in ein sauberes Glas mit circa 200 ml Meerwasser überführt, welches mit einem Gummistopfen luftfrei verschlossen werden konnte. Durch ein Loch im Gummistopfen wurde ein Sauerstoffsensor (Oxi 2305 der Firma WTW) in das Glas eingeführt, welcher durchgehend die Konzentration an gelöstem Sauerstoff in mg/l und die Temperatur anzeigte. Zusätzlich enthielt jedes Glas einen Magneten, welcher mithilfe eines Magnetrührers für eine konstante Durchmischung des Wassers sorgte. Jede Muschel wurde vorsichtig auf einen Steg in der Mitte des Glases gelegt, um eine Störung durch den Magneten zu vermeiden. Anschließend wurde das Glas möglichst frei von Luftblasen verschlossen. Sobald die Muschel geöffnet war und filtrierte, wurde der erste Messwert genommen. Nach 15 Minuten erfolgte die Aufzeichnung eines zweiten Wertes. Aus der Differenz der beiden Werte konnte die aufgenommene Menge an Sauerstoff in 15 Minuten und damit die Atmungsrate berechnet werden. Nach jeder Messung wurden das Glas, der Magnet, der Gummistopfen und der Sauerstoffsensor mit destilliertem Wasser gespült, um eine Kontamination durch Mikroplastik und Fluoranthen zwischen den Muscheln unterschiedlicher Behandlungsgruppen zu vermeiden. Zu Beginn der Messreihe sowie nach jeder fünften Muschel wurde ein Nullwert gemessen indem in gleicher Weise eine Messung ohne Muschel erfolgte. Dies diente der Überprüfung, ob eine mögliche mikrobielle Sauerstoffzehrung vorlag bzw. ob es Schwankungen des Sauerstoffsensors gab. Die Messungen wurden mit allen Replikaten zu Beginn des Experiments und nach 40 Tagen durchgeführt, wobei die erste Messung als Referenzwert diente.

Abb. 10: Apparatur für die Messung der Respirationsrate

2.5.3 Byssusproduktion

Perna viridis ist in der Lage Byssusfäden zu produzieren, mit welchen sich die Muschel auf Oberflächen fixieren und damit mechanischen Störungen, wie beispielsweise durch Wellenschlag, trotzen kann. Dabei handelt es sich um Fäden aus Kollagen, welche von mehreren Drüsen im Bereich des Fußes gebildet werden (Waite et al., 1998). Es sollte untersucht werden, ob die Aufnahme von kontaminiertem sowie nicht-kontaminiertem Mikroplastik einen Einfluss auf die Byssusproduktion hat. Zu diesem Zweck wurden die Muscheln in neue Behälter gesetzt und nach 24 Stunden die Anzahl der neu gebildeten Byssusfäden gezählt.

Dies wurde zum Beginn des Experiments sowie nach 44 Tagen durchgeführt, wobei die erste Messung als Referanzwert behandelt wurde.

2.5.4 Motilität

Es sollte untersucht werden, welchen Einfluss die Aufnahme von kontaminiertem Mikroplastik auf die Bewegungsaktivität der Muscheln hat. In Vorversuchen konnte beobachtet werden, dass sich die meisten Muscheln nach dem Umsetzen in einen neuen Behälter in sehr kurzer Zeit an den Gefäßwänden hinauf Richtung Wasseroberfläche bewegen. Dafür benutzen sie sehr aktiv ihren Fuß als Haftorgan sowie Byssusfäden. Parallel zur Messung der Byssusproduktion wurde daher zusätzlich die Strecke in cm gemessen, die eine Muschel in 24 Stunden zurücklegte. Wie zuvor beschrieben, wurde auch hier die Messung zu Beginn des Experiments als Referenzwert benutzt.

2.5.5 Mortalität während des Experiments

Während des Experiments wurde täglich überprüft, ob die Muscheln noch leben. Meist konnte dies anhand der Weite der Schalenöffnung bestimmt werden. Lebende Muscheln halten ihre Schale geschlossen oder leicht geöffnet, wobei die Siphone deutlich herausragen. Bei toten Tieren stehen die Schalenhälften weit offen, wobei die Siphone nicht sichtbar sind. Im Zweifel wurden die Muscheln leicht mit einem Holzstab berührt, was bei lebenden Muscheln zu einer schnellen Muskelkontraktion und zum Schließen der Schale führt. Tote Tiere wurden sofort bei -20°C eingefroren.

2.5.6 Fitness-Index

Wie zuvor beschrieben (siehe Abschnitt 2.5.5) wurden alle toten Tiere bei -20°C eingefroren. Drei Replikate jeder Behandlungsgruppe sollten für die toxikologische Analyse des Gewebes verwendet werden (siehe Abschnitt 2.6). Von den restlichen Individuen wurde der Fitness-Index (engl. *body condition index*, BCI) gemessen. Dieser dient dazu, den Ernährungszustand der Muscheln zu quantifizieren. Dafür wird ein Verhältnis aus dem Gewicht des Weichkörpers und dem Gewicht der Schale oder der Schalenlänge berechnet (Lucas und Beninger, 1985). Folgende Formeln können verwendet werden:

$$BCI(Gewicht) = \frac{Trockengewicht\ Weichgewebe}{Trockengewicht\ Schale}$$

$$BCI(Länge) = \frac{Trockengewicht\ Weichgewebe}{\left(\frac{Schalenlänge}{10}\right)^3} \times 100$$

Für die Messung wurden die gefrorenen Muscheln aufgetaut, die Schale geöffnet und das Gewebe mithilfe eines Löffels ausgeschabt. Das Nassgewicht der Tiere wurde bestimmt und die Schale zusätzlich in Länge, Breite und Höhe vermessen. Die Schale und das Gewebe wurden anschließend in Aluformen in einem Trockenofen bei 60°C getrocknet, bis sich das Gewicht nicht mehr veränderte. Das Trockengewicht des Gewebes und der Schale wurde dann bestimmt.

Zusätzlich zu den toten Muscheln aus dem Hauptexperiment, wurden zu Beginn 20 Muscheln eingefroren, welche aus der gleichen Probennahme stammten. Diese sollten als Referenzwert dienen, um bestimmen zu können wie sich der BCI im Vergleich zum Versuchsanfang verändert.

2.6 Toxikologische Untersuchung

Im Anschluss an das Experiment wurden aus jeder Behandlungsgruppe drei Individuen für eine spätere toxikologische Analyse des Gewebes eingefroren. Ziel war es zu überprüfen, ob sich im Gewebe der Muscheln der Schadstoff Fluoranthen nachweisen lässt. Außerdem sollte eine Probe des Fluoranthen-kontaminierten Mikroplastiks analysiert werden. Die Proben wurden gefroren nach Deutschland transportiert und am ‚Institut für Toxikologie und Pharmakologie für Naturwissenschaftler' der Christian Albrechts Universität zu Kiel mittels Hochleistungsflüssigkeitschromatographie (engl. *high performance liquid chromatography*, HPLC) mit Fluoreszenzdetektion untersucht. Dieses chromatische Trennverfahren ermöglicht es verschiedene Substanzen einer Probe aufzutrennen sowie einzelne Substanzen zu identifizieren und zu quantifizieren. Die Substanzen gelangen in einem ersten Schritt in die mobile Phase, wobei es sich um ein organisches Elutionsmittel handelt. Mit der mobilen Phase werden die Substanzen durch die Trennsäule gepumpt, welche auch als stationäre Phase bezeichnet wird. Abhängig von der Stärke der Wechselwirkungen zwischen einer Substanz und der stationären Phase, ergibt sich eine spezifische Retentionszeit. Dies ist die Zeit, welche eine Substanz braucht bis sie das Ende der Trennsäule erreicht und dort von einem Detektor (beispielsweise einem Fluoreszenzdetektor) nachgewiesen wird. Durch den Vergleich der Retentionszeit einer Substanz mit einem bekannten Standard lässt sich diese identifizieren. Die Konzentration kann über die Fläche unter der Spitze im Chromatogramm bestimmt werden. Dazu muss für jede Substanz zunächst ein Standard mit bekannter Konzentration erstellt werden, zu welchem die gemessene Fläche ins Verhältnis gesetzt werden kann.

Die Aufarbeitung der Gewebeproben für die HPLC erfolgte mittels einer ‚solid phase extraction'. Dafür wurden Bond Elut QuEChERS Kits von Agilent verwendet. In einem ersten Schritt wurde das Gewebe homogenisiert. Dabei wurden die drei Muscheln jeder Behandlungsgruppe zu jeweils einer Probe vereinigt, um genügend Material zu erhalten. Jeder Probe wurden zuerst 8 ml Acetonitril, das hier verwendete Elutionsmittel (mobile Phase), beigefügt sowie eine Salzmischung, welche das Wasser in der Pro-

be bindet. Nach einem Zentrifugationsschritt bei 4000 rpm (Megafuge 11R, Thermo Scientific) für 5 Minuten, in welchem sich alle Zellbestandteile und größere Partikel absetzen sollten, wurden 6 ml des Überstands zu einer Silikatsäule gegeben, welche alle hydrophilen Bestandteile bindet. In der darauf folgenden Filtration mit einem sterilen 0,45 μm PVDF Filter sollten nur die hydrophoben Stoffe, darunter Fluoranthen, den Filter passieren und als Probe in die HPLC eingesetzt werden. Die Probe des mit Fluoranthen behandelten Mikroplastiks (insgesamt 0,5 g) wurde in zwei Unterproben geteilt und jede mit 6 ml Hexan versetzt. Unter leichtem Schütteln sollte sich Fluoranthen darin lösen. Der Überstand wurde dann ohne die Plastikpartikel in ein Reagenzglas überführt und das Hexan mit Hilfe von Stickstoff verdampft. Der Rückstand wurde anschließend in 500 μl Acetonitril gelöst und 200 μl davon als Probe in die HPLC eingesetzt.
Wie zuvor beschrieben wurde Acetonitril als mobile Phase und Silikat als stationäre Phase verwendet. Der Fluoreszenzdetektor wurde auf eine Anregung von 460 nm und eine Emission von 360 nm eingestellt.

2.7 Mikroplastik-Monitoring

2.7.1 Standort und Probennahme

Für das Hauptexperiment dieser Arbeit wurden im Labor genau definierte Mikroplastikmengen verwendet. Um jedoch zusätzlich ein Bild davon zu erhalten, welche Partikeldichten in Sedimenten vor Ort zu finden sind, wurde ein Monitoring durchgeführt. Es sollte die Häufigkeit sowie die Zusammensetzung von Mikroplastikpartikeln untersucht werden. Als Standort für die Probennahme wurde die Insel Rambut (Koordinaten: -5° 58' N, 106° 41' O) gewählt (Abbildung 5).
Es wurden im Bereich des Spülsaums sowie im Eulittoral an jeweils 3 Stellen 5 Sedimentkerne mit Hilfe von Stechrohren (Durchmesser: 10 cm) entnommen (Abbildung 11). Die Stellen waren jeweils mindestens 10 Meter voneinander entfernt. Die Stechrohre wurden bis zu einer Tiefe von 10 cm in das Sediment gesteckt, seitlich frei gegraben und nach dem unterschieben einer Metallplatte ausgehoben. Jeder Sediment-

kern wurde dabei mittels eines Metalllöffels in die oberen 5 cm sowie in die Schicht von 5 bis 10 cm geteilt und in getrennte Plastikbehälter überführt. Pro Replikat wurden 5 Kerne in einem Quadratmeter entnommen, welche anschließend vereinigt wurden. Während der Probennahme sowie späteren Bearbeitung im Labor wurde darauf geachtet die Möglichkeit einer Kontamination mit Plastikpartikeln so gering wie möglich zu halten indem die Behälter nur wenn nötig geöffnet wurden und während der Arbeiten auf Kleidung aus Fleecematerial verzichtet wurde.

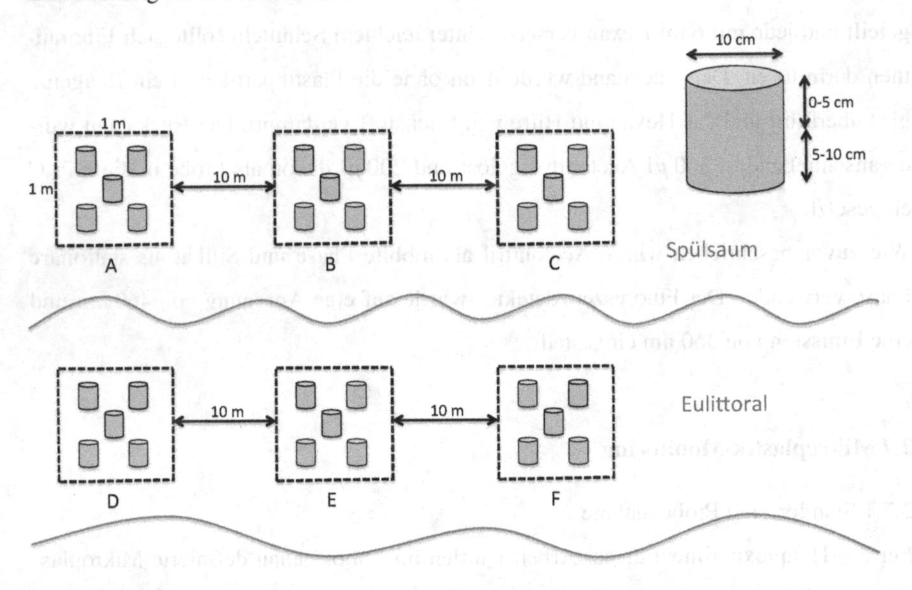

Abb. 11: Anordnung der Sedimentkerne für das Mikroplastik-Monitoring. Es wurden in Spülsaum und Eulittoral jeweils 3 Replikate (A-C und D-F) gewählt, für welche jeweils 5 Kerne genommen wurden. Jeder Sedimentkern wurde in die oberen und unteren 5 cm geteilt.

2.7.2 Analyse

Alle Sedimentproben wurden über Nacht bei 80°C im Ofen getrocknet, um das Trockengewicht bestimmen zu können. Vor der Messung wurden zusätzlich alle Partikel, welche größer als 5 mm waren, wie Steine, Schalen und Korallenbruchstücke, herausgesiebt. Anschließend erfolgte ein weiteres Sieben mit einer Maschenweite von

500 μm. Für die Analyse wurde nur die Fraktion zwischen 500 μm und 5 mm verwendet, da kleinere Plastikpartikel mit der hier verwendeten optischen Methode nicht eindeutig als Plastik identifizierbar sind.

Die Extraktion des Mikroplastiks erfolgte ähnlich der Methodik von Thompson et al. (2004) nach dem Prinzip der Dichtetrennung, bei welcher die unterschiedliche Dichte von Plastik und Sediment ausgenutzt wird. Dazu wurde jede Sedimentprobe in ein verschraubbares Plastikgefäß überführt und mit einem Liter hypersaliner NaCl-Lösung (360 g NaCl/l) versetzt. Die Dichte verschiedener Polymere kann stark variieren (0,8-1,4 g/cm^3), liegt jedoch deutlich unter der von sandigen Sedimenten (2,65 g/cm^3), wie sie hier vorgefunden wurden (Hidalgo-Ruz et al., 2012). Um eine gute Durchmischung der Proben zu gewährleisten, wurden die Gefäße für 24 Stunden auf einen Schüttler gestellt. Anschließend wurden sie über Nacht stehen gelassen, so dass aufgewirbelte Sedimentpartikel absinken konnten. Der Überstand, in welchem sich die Plastikpartikel befinden sollten, wurde vorsichtig abgenommen und vakuumfiltriert (Porengröße: 4-12 μm). Es wurde darauf geachtet, alle verwendeten Gefäße mit Wasser nachzuspülen, welches zusätzlich filtriert wurde, um einen Verlust von Partikeln zu vermeiden. Die Filter wurden bis zur Analyse in verschlossenen Petrischalen aufbewahrt. Mit Hilfe einer Stereolupe wurden die Mikroplastikpartikel auf den Filtern dann ausgezählt und gemäß ihrer Struktur als Pellet, Fragment, Granulat, Film, Faser oder Schaum klassifiziert.

2.8 Statistik

Für die Auswertung der Mortalität während der Mikroplastik-Exposition wurden Kaplan-Meier Überlebenskurven erstellt. Für den statistischen Vergleich der Überlebensraten in den verschiedenen Behandlungsgruppen wurde eine Cox-Regression mit den Daten durchgeführt. Zusätzlich wurden paarweise Vergleiche zwischen den Gruppen mit Peto-Wilcoxon Tests unter Einbeziehung einer Bonferronikorrektur durchgeführt.

Die Auswertung der Filtrationsleistung, Respirationsrate, der Byssusproduktion und der Motilität erfolgte durch Varianzanalysen (engl. *analysis of variance*, ANOVA), in welchen die Mittelwerte der verschiedenen Gruppen miteinander verglichen wurden. Die Homogenität der Varianzen wurde mit Hilfe des Fligner-Killeen Tests überprüft. Für die Überprüfung der Normalität der Residuen diente der Shapiro-Wilks Test. Im Falle von nicht homogenen Varianzen oder nicht normal verteilten Residuen wurde eine Transformation der Daten mit der Quadratwurzel oder dem dekadischen Logarithmus der Daten durchgeführt. Konnten dadurch immer noch keine homogenen Varianzen erreicht werden, wurde eine ANOVA mit Welch-Korrektur verwendet. Ergab die ANOVA einen signifikanten P-Wert, wurde ein Post-hoc Test (Tukey's HSD) durchgeführt, um festzustellen, welche Gruppen sich signifikant voneinander unterscheiden.

Die Ergebnisse wurden graphisch mittels Box-Whisker-Plots dargestellt, in welchen der Median, die mittleren Quartile (Box, 25-75% der Daten) und die äußeren Quartile (Whisker, 0-25% und 75-100% der Daten ohne Ausreißer) abgebildet sind. Außerdem wurde der Median der jeweiligen Referenzwerte (siehe oben) als Linie hinzugefügt. Signifikante Unterschiede zwischen den Gruppen, welche der Tukey-Test ergab, wurden mit Hilfe eines Buchstabencode angegeben. Gruppen, welche keinen Buchstaben teilen, unterscheiden sich signifikant voneinander.

Sowohl die statistische Auswertung, als auch die Erstellung der Graphen wurde mit der freien Software R (Version 3.0.2 (2013-09-25) "Frisbee Sailing") und RStudio (Version 0.98.501) für Mac OS X durchgeführt. Zusätzlich wurden Abbildungen mit Excel (Version 14.4.6) erstellt.

3 Ergebnisse

3.1 Auswirkungen der Mikroplastikbelastung auf verschiedene Antwortvariablen

3.1.1 Filtrationsleistung

Die Filtrationsmessungen, welche in der Mitte des Hauptexperiments nach 40 Tagen durchgeführt wurden, ergaben deutliche Unterschiede in der Filtrationsleistung zwischen den verschiedenen Behandlungsgruppen (Abbildung 12). Mit zunehmender Mikroplastikmenge sank die Filtrationsrate um bis zu 83% (in der Behandlungsgruppe 3%*) im Vergleich zur Kontrollgruppe. Ein Vergleich der Kontrolle mit dem Mittelwert aller mit Mikroplastik behandelten Gruppen (Daten wurden gepoolt) ergab eine Abnahme der Filtrationsrate um 58%. Die Kontrollgruppe wies hingegen eine Filtrationsrate auf, welche nahezu identisch zur Referenzmessung zu Beginn des Versuchs war (Differenz der Mittelwerte: 0,03 l/h/Muschel). Zwischen den Behandlungsgruppen 3% und 3%* war nur ein geringer Unterschied zu beobachten. Die mittleren Filtrationsraten unterschieden sich signifikant zwischen den Gruppen (Tabelle 4, Abbildung 12).

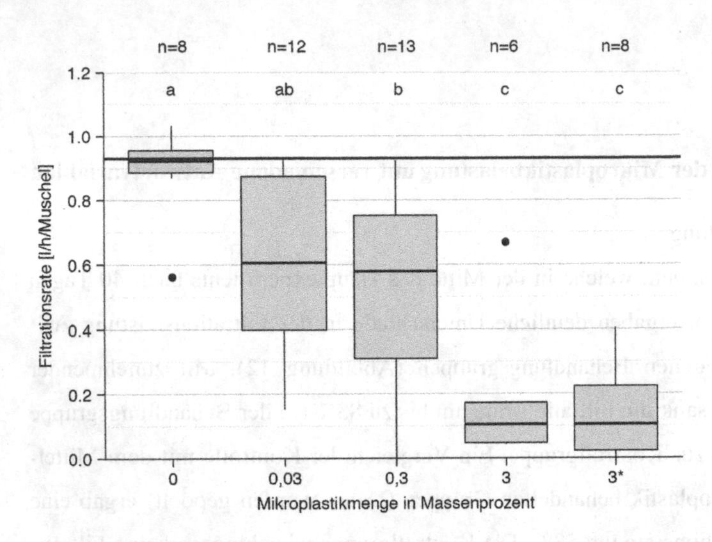

Abb. 12: Filtrationsleistung von *Perna viridis* nach 40 Tagen Hälterung in der Gegenwart unterschiedlicher Mikroplastikmengen. Die Plastikmengen entsprechen Massenprozent im Sediment. Das Mikroplastik war in allen Gruppen, außer in der Gruppe 3*, vorher mit Fluoranthen kontaminiert worden. Die Linie stellt den Median der Referenzmessung zu Beginn des Versuchs dar. n gibt die Anzahl der Replikate pro Behandlungsgruppe an. Der Buchstabencode stellt die Ergebnisse des Tukey-Tests dar; Gruppen, die keinen gleichen Buchstaben teilen, unterscheiden sich signifikant voneinander.

Tab. 4: Statistischer Vergleich der Filtrationsrate von *Perna viridis* nach 40 Tagen Hälterung in der Gegenwart unterschiedlicher Mikroplastikmengen. ANOVA mit Welch-Korrektur für inhomogene Varianzen.

	Freiheitsgrade	F-Wert	P-Wert
Behandlung	4	25,07	$2{,}79 \cdot 10^{-7}$
Residuum	18,642		

3.1.2 Respirationsrate

Nach 40 Tagen Hälterung in Gegenwart unterschiedlicher Mikroplastikmengen ließ sich eine Abnahme der Respirationsrate mit zunehmender Mikroplastikmenge beobachten. Die größte Abnahme im Vergleich zur Kontrollgruppe war in der Behandlungsgruppe 3%* zu beobachten und betrug 69%. Ein Vergleich der Kontrolle mit

dem Mittelwert aller mit Mikroplastik behandelten Gruppen (Daten wurden gepoolt) ergab eine Abnahme der Respirationsrate um 51%. Die Kontrolle lag nur leicht unter dem Wert der Referenzmessung zu Beginn des Versuchs. Zwischen den Behandlungsgruppen 3% und 3%* war wieder nur ein geringer Unterschied zu beobachten.
Die mittlere Respirationsrate unterschied sich signifikant zwischen den Behandlungsgruppen (Tabelle 5, Abbildung 13).

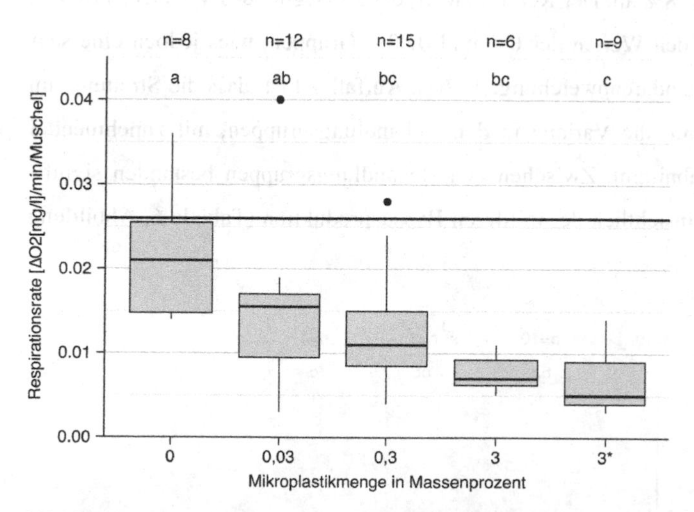

Abb. 13: Respirationsrate von *Perna viridis* nach 40 Tagen Hälterung in der Gegenwart unterschiedlicher Mikroplastikmengen. Die Plastikmengen entsprechen Massenprozent im Sediment. Das Mikroplastik war in allen Gruppen, außer in der Gruppe 3*, vorher mit Fluoranthen kontaminiert worden. Die Linie stellt den Median der Referenzmessung zu Beginn des Versuchs dar. n gibt die Anzahl der Replikate pro Behandlungsgruppe an. Der Buchstabencode stellt die Ergebnisse des Tukey-Tests dar; Gruppen, die keinen gleichen Buchstaben teilen, unterscheiden sich signifikant voneinander.

Tab. 5: Statistischer Vergleich der Filtrationsrate von *Perna viridis* nach 40 Tagen Hälterung in der Gegenwart unterschiedlicher Mikroplastikmengen. Die Daten wurden für die ANOVA Quadratwurzel-modifiziert.

	Freiheitsgrade	F-Wert	P-Wert
Behandlung	4	6,453	$3{,}42 * 10^{-4}$
Residuum	45		

3.1.3 Byssusproduktion

Die Messung der Byssusproduktion am 44. Tag des Hauptexperimentes ergab eine Abnahme der Anzahl an neu gebildeten Byssusfäden pro Tag mit zunehmender Mikroplastikmenge (Abbildung 14). Im Vergleich zur Kontrolle trat eine Abnahme von bis zu 98% (in der Behandlungsgruppe 3%*) auf. Gegenüber der Kontrollgruppe nahm die mittlere Byssusproduktion in allen mit Mikroplastik behandelten Gruppen (Daten wurden gepoolt) um 78% ab. Der Referenzwert, der zu Beginn des Versuchs erhoben wurde, lag zwischen den Werten der 0% und 0,03% Gruppen, wies jedoch eine sehr große Varianz auf (Standardabweichung: 17,64). Auffallend ist, dass die Streuung um den Median, und damit die Varianz in den Behandlungsgruppen, mit zunehmender Mikroplastikmenge abnimmt. Zwischen den Behandlungsgruppen bestanden signifikante Unterschiede hinsichtlich der mittleren Byssusproduktion (Tabelle 6, Abbildung 14).

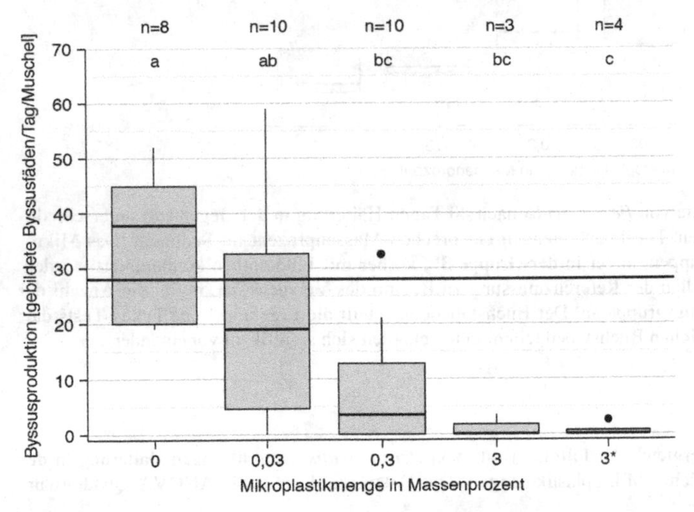

Abb. 14: Byssusproduktion von *Perna viridis* nach 44 Tagen Hälterung in der Gegenwart unterschiedlicher Mikroplastikmengen. Die Plastikmengen entsprechen Massenprozent im Sediment. Das Mikroplastik war in allen Gruppen, außer in der Gruppe 3*, vorher mit Fluoranthen kontaminiert worden. Die Linie stellt den Median der Referenzmessung zu Beginn des Versuchs dar. n gibt die Anzahl der Replikate pro Behandlungsgruppe an. Der Buchstabencode stellt die Ergebnisse des Tukey-Tests dar; Gruppen, die keinen gleichen Buchstaben teilen, unterscheiden sich signifikant voneinander.

Tab. 6: Statistischer Vergleich der Byssusproduktion von *Perna viridis* nach 44 Tagen Hälterung in der Gegenwart unterschiedlicher Mikroplastikmengen. ANOVA mit Welch-Korrektur für inhomogene Varianzen.

	Freiheitsgrade	F-Wert	P-Wert
Behandlung	4	13,239	$2,67*10^{-4}$
Residuum	11,66		

3.1.4 Motilität

Die Messung der Motilität, welche am 44. Tag des Hauptexperiments durchgeführt wurde, ergab ebenfalls deutliche Unterschiede in der Bewegungsaktivität zwischen den verschiedenen Behandlungsgruppen. Mit zunehmender Mikroplastikmenge sank die von den Muscheln pro Tag zurückgelegte Strecke auf 0 cm in der 3% Gruppe (Abbildung 15). Ein Vergleich der Kontrollgruppe mit dem Mittelwert aller mit Mikroplastik behandelten Gruppen (Daten wurden gepoolt) ergab eine Abnahme um 77%. Die Aktivität der Muscheln in den Gruppen 3% und 3%* unterschied sich nicht. Bis auf eine Muschel in der 3%* Gruppe, zeigte kein Tier bei dieser hohen Mikroplastikbelastung Aktivität. Die mittlere Aktivität in den Behandlungsgruppen lag immer deutlich unter dem Referenzwert zu Beginn des Versuchs, welcher jedoch eine große Varianz aufwies (Standardabweichung: 17,64).

Die mittlere Motilität unterschied sich signifikant zwischen den verschiedenen Behandlungsgruppen (Tabelle 7, Abbildung 15).

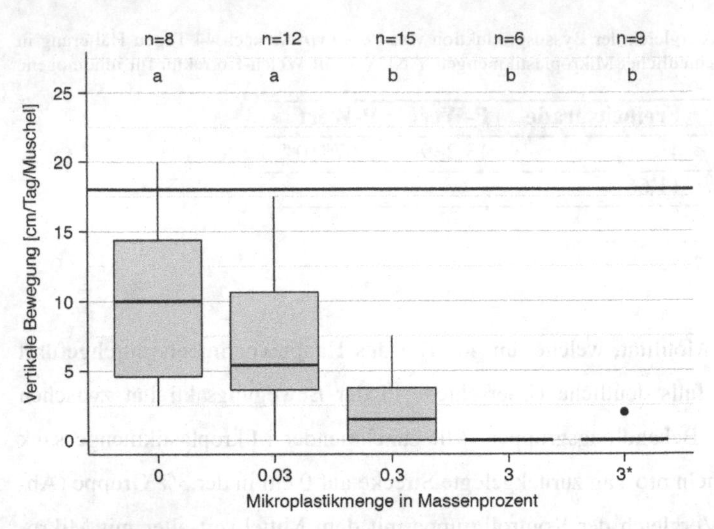

Abb. 15: Motilität von *Perna viridis* nach 44 Tagen Hälterung in der Gegenwart unterschiedlicher Mikroplastikmengen. Die Plastikmengen entsprechen Massenprozent im Sediment. Das Mikroplastik war in allen Gruppen, außer in der Gruppe 3*, vorher mit Fluoranthen kontaminiert worden. Die Linie stellt den Median der Referenzmessung zu Beginn des Versuchs dar. n gibt die Anzahl der Replikate pro Behandlungsgruppe an. Der Buchstabencode stellt die Ergebnisse des Tukey-Tests dar; Gruppen, die keinen gleichen Buchstaben teilen, unterscheiden sich signifikant voneinander.

Tab. 7: Statistischer Vergleich der Motilität von *Perna viridis* nach 44 Tagen Hälterung in der Gegenwart unterschiedlicher Mikroplastikmengen. ANOVA mit Welch-Korrektur für inhomogene Varianzen. Die Gruppe 3% wurde aus der ANOVA aufgrund fehlender Varianz ausgeschlossen.

	Freiheitsgrade	F-Wert	P-Wert
Behandlung	3	13,55	$8{,}27 \cdot 10^{-5}$
Residuum	17,428		

3.1.5 Mortalität

Während des Hauptexperiments trat insgesamt eine hohe Mortalität auf (Abbildung 16). Die Mortalitätsraten unterschieden sich jedoch signifikant zwischen den verschiedenen Behandlungsgruppen (Tabelle 9). Ein Vergleich der Kaplan-Meier Kurven sowie der medianen Überlebenszeiten belegt einen deutlichen Einfluss der Mikroplastikmenge auf das Überleben der Tiere unter den Laborbedingungen. Mit zunehmender Mikroplastikbelastung stieg die Mortalität in den Gruppen. Bei einer Mikroplastikmenge von 3% war die mediane Überlebenszeit nur noch halb so lang wie in der Kontrollgruppe (Tabelle 8). Ein Unterschied zwischen den Behandlungsgruppen 3% und 3%* war nicht zu beobachten.

Die Überlebenskurve der Kontrolle zeigte eine Auffälligkeit: Nachdem alle Muscheln bis zum Tag 28 überlebt hatten, starben danach innerhalb von 7 Tagen 7 Tiere. Da vermutet wurde, dass dies die Folge einer Kontamination des benutzten Meerwassers war, wurde die Wasserquelle an Tag 35 gewechselt (siehe Abschnitt 2.4.1). Daraufhin überlebten alle verbliebenen Tiere bis Tag 83. Vier Tiere waren am Ende des Experiments (nach 91 Tagen) noch am Leben.

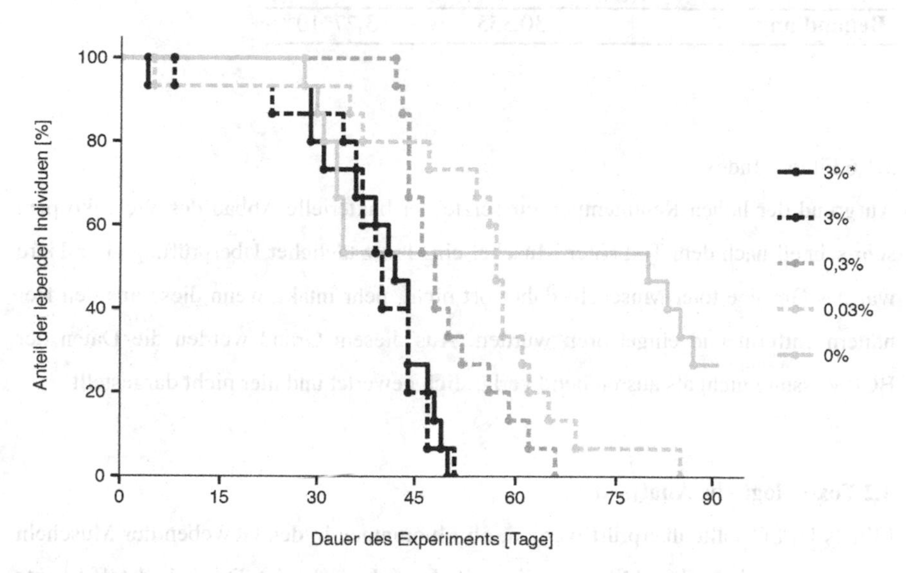

Abb. 16: Sterblichkeit von *Perna viridis* während des Laborexperiments (Dauer: 91 Tage). Die Behandlungsgruppen unterschieden sich hinsichtlich der Menge an Mikroplastik (angegeben als Massenprozent im Sediment). Das Mikroplastik war in allen Gruppen, außer in der Gruppe 3%*, vorher mit Fluoranthen kontaminiert worden. Die Zahl der Replikate betrug in jeder Behandlungsgruppe 15. Die Buchstaben stellen die Ergebnisse paarweiser Vergleiche mittels Peto-Wilcoxon Tests dar; Gruppen, die keinen gleichen Buchstaben teilen, unterscheiden sich signifikant voneinander.

Tab. 8: Mediane Überlebenszeit von *Perna viridis* während der Hälterung in Gegenwart unterschiedlicher Mikroplastikmengen. In allen Gruppen, außer 3%*, war das Mikroplastik mit Fluoranthen kontaminiert.

Behandlungsgruppe	Mediane Überlebenszeit [Tage]
0%	80
0,03%	57
0,3%	48
3%	40
3%*	42

Tab. 9: Statistischer Vergleich der Mortalitätsraten zwischen den verschiedenen Behandlungsgruppen mittels einer Cox-Regression.

	Freiheitsgrade	Chi-Quadrat	P-Wert
Behandlung	4	30,555	$3{,}77 \cdot 10^{-6}$

3.1.6 Fitness-Index

Aufgrund der hohen Raumtemperatur setzte der bakterielle Abbau des Weichkörpers sehr schnell nach dem Tod einer Muschel ein. Trotz täglicher Überprüfung aller Tiere war das Gewebe toter Muscheln daher oft nicht mehr intakt, wenn diese aus den Behältern entfernt und eingefroren wurden. Aus diesem Grund werden die Daten der BCI-Messung nicht als ausreichend verlässlich gewertet und hier nicht dargestellt.

3.2 Toxikologische Analysen

Mittels HPLC sollte überprüft werden, ob Fluoranthen in den Geweben der Muscheln und auf den behandelten Mikroplastikpartikeln nachweisbar ist. Der Schadstoff konnte in einer der beiden Mikroplastikproben in einer Konzentration von 8,18 ng pro g Mikroplastik detektiert werden (Tabelle 11). In den Gewebeproben fand sich der Schadstoff in Material aus den Behandlungsgruppen 3% und 3%* auf. Die gefundenen Konzentrationen von 95,07 ng (in der 3% Gruppe) und 99,34 ng (in der 3%* Gruppe), standardisiert auf das Trockengewicht des Gewebes, waren sehr ähnlich. Die Proben der übrigen Behandlungsgruppen wiesen kein Fluoranthen auf (Tabelle 10).

Tab. 10: Fluoranthen-Gehalt von Gewebeproben aus den unterschiedlichen Behandlungsgruppen. Die Prozentangaben entsprechen unterschiedlichen Mikroplastikmengen, berechnet als Massenprozent im Sediment. In allen Gruppen, außer der mit dem Stern (*) gekennzeichneten, war das Mikroplastik mit Fluoranthen kontaminiert.

Probe	ng Fluoranthen/g Gewebe (TG)
Gewebe 0%	0
Gewebe 0,03%	0
Gewebe 0,3%	0
Gewebe 3%	95,07
Gewebe 3%*	99,34

Tab. 11: Fluoranthen-Gehalt zweier Mikroplastik-Proben (ursprünglich aus einer Probe, die am Ende der Behandlung des Mikroplastiks mit Fluoranthen genommen wurde)

Probe	ng Fluoranthen/g PVC
Mikroplastik 1	0
Mikroplastik 2	8,18

3.3 Mikroplastik-Monitoring

Die Anzahl der Mikroplastikpartikel pro kg Sediment wurde für zwei verschiedene Schichttiefen des Spülsaums und Eulittorals untersucht (Tabelle 12). Im Eulittoral trat, unabhängig von der Schichttiefe, deutlich mehr Mikroplastik auf als im Spülsaum. In beiden Zonen lag die Gesamtzahl an Partikeln außerdem in der Schicht von 5-10 cm höher als in den oberen 5 cm. Es konnten Fasern, Fragmente, Schaum- und Filmpartikel gefunden werden (Abbildung 17). Über alle Proben in beiden Zonen hinweg waren Fasern insgesamt am häufigsten (82%), während Fragmente (11%), Schaum- (5%) und Filmpartikel (2%) nur in geringer Zahl auftraten. Auch in Spülsaum und Eulittoral einzeln wurde jeweils eine Mehrheit an Fasern gefunden. Im Spülsaum fand sich jedoch eine größere Menge an Schaumpartikeln (19%) und nur wenige Fragmente (5%). Im

Eulittoral stellten Fragmente hingegen die zweitgrößte Gruppe dar (13%) und es trat noch ein geringer Prozentsatz an Filmpartikeln auf.

Fast alle Plastiktypen traten häufiger in der Sedimentschicht von 5-10 cm auf als in den oberen 5 cm. Die Fragmente im Spülsaum sowie Filme im Eulittoral konnten sogar ausschließlich in der unteren Schicht gefunden werden. Nur Schaumpartikel waren in größerer Menge in der oberen Sedimentschicht von 0-5 cm im Spülsaum zu finden.

Tab. 12: Mittlere Anzahl der aus den Sedimentproben von der Insel Rambut isolierten Mikroplastikpartikel pro kg Sediment

	Spülsaum		Eulittoral	
	0-5 cm	5-10 cm	0-5 cm	5-10 cm
Fasern	0,75	2,88	8,16	8,37
Fragmente	0,00	0,27	0,14	1,68
Schaum-partikel	0,72	0,13	0,00	0,00
Filmpartikel	0,00	0,00	0,00	0,46
Pellets	0,00	0,00	0,00	0,00
Granulate	0,00	0,00	0,00	0,00
Gesamt	1,47	3,28	8,30	10,51

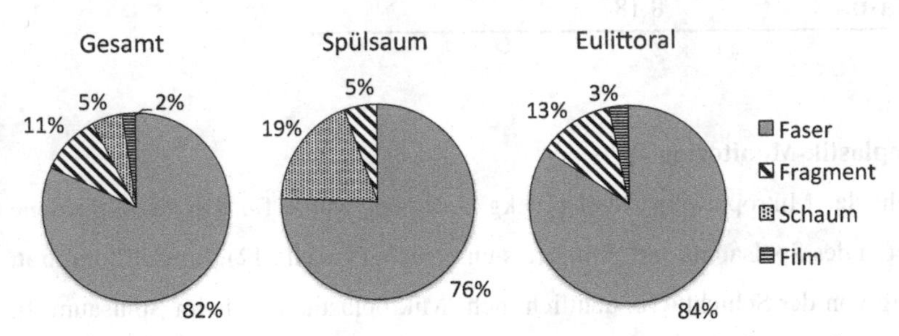

Abb. 17: Prozentuale Anteile verschiedener Mikroplastiktypen in den Sedimentproben von der Insel Rambut

4 Diskussion

4.1 Zusammenfassung der wichtigsten Ergebnisse

In dieser Arbeit wurden diverse physiologische Antwortvariablen untersucht. Bei allen konnten signifikante Unterschiede zwischen den Behandlungsgruppen gefunden werden. Die wichtigsten Ergebnisse sind:

- Abnahme der Filtrationsleistung mit zunehmender Mikroplastikbelastung
- Abnahme der Respirationsrate mit zunehmender Mikroplastikbelastung
- Abnahme der Byssusproduktion mit zunehmender Mikroplastikbelastung
- Abnahme der Motilität mit zunehmender Mikroplastikbelastung
- Erhöhte Mortalität mit zunehmender Mikroplastikbelastung
- keine Unterschiede in den Auswirkungen des mit Fluoranthen befrachteten und des unbehandelten Mikroplastiks

Die Ergebnisse deuten auf einen deutlichen Einfluss der Mikroplastikbelastung hin. Das für diesen Versuch gewählte Szenario stellt eine durch Gezeiten ausgelöste Resuspension von Mikroplastik aus dem Sediment nach. Die zweimal tägliche Exposition der Tiere mit hohen Mikroplastikmengen in der Wassersäule führte über einen Zeitraum von sechs Wochen zu einer deutlichen Veränderung physiologischer Prozesse. Die physiologischen Prozesse lassen auf die Aktivität des tierischen Metabolismus schließen. Bayne beschrieb bereits 1973 Metabolismusveränderungen bei Mytiliden, welche durch Nahrungsmangel hervorgerufen wurden. Er bezeichnete dabei die für das Überleben der Muschel gerade noch ausreichende physiologische Aktivität, welche er bei *Mytilus edulis* nach einer 30-tägigen Nahrungsrestriktion beobachtete, als Standard-Metabolismus. Die durch die Mikroplastikbehandlung hervorgerufenen Effekte könnten möglicherweise auch bei *Perna virldis* auf eine Reduktion des Metabolismus zurückzuführen sein. Die Stärke der Effekte war dabei von der Menge des eingesetzten Mikroplastiks abhängig. Ein Effekt des Schadstoffes Fluoranthen trat hingegen nicht auf.

Die Befunde sollen im Folgenden im Bezug auf die vor Versuchsbeginn aufgestellten Hypothesen diskutiert werden.

Hypothesen:

1) Mikroplastik hat einen Einfluss auf die physiologische Leistungsfähigkeit und die Mortalität von *Perna viridis*.
2) Die Effektstärke ändert sich mit der Mikroplastikmenge.
3) Die Effektstärke ändert sich mit der Anwesenheit des Schadstoffes Fluoranthen.

Da physiologische Raten sich zwischen unterschiedlich großen Individuen deutlich unterscheiden können, sollten alle Messwerte möglichst auf das Trockengewicht der Tiere standardisiert werden. Wie in Abschnitt 3.1.6 beschrieben, können die BCI-Messungen durch die oftmals aufgetretene Zersetzung des Gewebes jedoch nicht als verlässlich gewertet werden. Aus diesem Grund musste auf eine entsprechende Standardisierung verzichtet werden. Es wurde allerdings bereits bei der Auswahl der Versuchstiere darauf geachtet nur Muscheln ähnlicher Größe (Schalenlänge: 3,5-4 cm) einzusetzen. Diese Auswahl an Individuen sollte für die Messung physiologischer Raten ausreichend homogen gewesen sein.

4.2 Der Einfluss von Mikroplastik

4.2.1 Filtrationsleistung

Eine steigende Mikroplastikbelastung führte zu einer signifikanten Reduktion der Filtration bei *Perna viridis* um bis zu 83%. Dies bestätigt sehr deutlich die erste und zweite Hypothese, da ein klarer Effekt des Mikroplastiks auftrat, welcher von der Menge der Partikel abhing.

Es ist bekannt, dass Muscheln ihre Filtrationsaktivität sehr flexibel an äußere Gegebenheiten anpassen können. Insbesondere die Verfügbarkeit von Nahrung sowie die Nahrungsqualität spielen dabei eine große Rolle (Wong und Cheung, 2001). Je nach der vorhandenen Planktonmenge passen Mytiliden die Öffnung ihrer Schale und damit auch die Filtrationsleistung an (Dolmer, 2000, Riisgard et al., 2003). Rajesh et al. (2001) beschrieben für *Perna viridis* eine zunehmende Filtrationsrate mit steigender Algenzellzahl bis zu einem Schwellenwert von 10^5 Zellen pro ml. Wurde dieser Wert überschritten, folgte ein rapider Abfall der Aktivität und die Bildung von Pseudofaeces setzte ein. Da in dem in dieser Arbeit durchgeführten Experiment alle Behandlungsgruppen zwei Mal täglich mit 10^3 Algenzellen pro ml gefüttert wurden, sollte es zu keiner Hemmung (aufgrund einer zu hohen Zellzahl) sondern einer Anregung der Filtration gekommen sein. Dies steht auch im Einklang mit der Beobachtung, dass *Perna viridis* unter dieser Behandlung im Labor die Schalen geöffnet hielt.

Der von mir gemessene Referenzwert (Filtrationsleistung vor Versuchsbeginn) war mit 0,93 l/h/Muschel im Vergleich zu Werten aus der Literatur für *Perna viridis* (0,71 – 20,95 l/h/Muschel) eher gering (Tantanasarit et al., 2013). Während der Messung der Filtrationsrate betrug die Algenzellzahl zu Beginn $5*10^4$ Zellen pro ml. Der oben beschriebene Schwellenwert (10^5 Zellen pro ml) wurde somit nicht überschritten, so dass anzunehmen ist, dass es zu keiner Hemmung der Filtration durch die Algenzellzahl kam. Allerdings spielt auch das Verhältnis des Wasservolumens zur Biomasse eine Rolle. In einem größeren Volumen pro Individuum zeigt *Perna viridis* eine deutlich erhöhte Filtrationsrate. Es wird argumentiert, dass dies eine Anpassung an die Populationsdichte in Muschelkolonien darstellt. Je höher die Dichte, desto weniger Wasservolumen steht pro Tier zur Verfügung und jedes Individuum reduziert seine Filtrationsleistung. Es ist jedoch noch nicht endgültig geklärt wie diese Reaktion ausgelöst wird, insbesondere bei vereinzelten Muscheln. Der Zusammenhang wurde jedoch bis zu einem Volumen von 10 l pro Individuum beschrieben (Tantanasarit et al., 2013). Somit könnte das geringe Wasservolumen von 525 ml während der Messung für die vergleichsweise geringen Filtrationsraten ausschlaggebend gewesen sein.

Die Filtrationsleistung der Kontrollgruppe ohne Mikroplastik wich nach 52 Tagen Hälterung im Labor kaum vom Ausgangswert ab. Dies zeigt, dass die Muscheln in ihrer Filtrationsleistung nicht wesentlich durch die Haltung im Labor beeinträchtigt wurden. In den Behandlungsgruppen mit einer größeren Menge an Mikroplastik war jedoch eine drastische Verringerung zu beobachten. Ein signifikanter Unterschied zur Kontrolle trat ab einer Menge von 0,3% Mikroplastik auf. Zählungen nach entsprach dies während der Resuspension 270.000-736.000 Partikeln pro ml Wassersäule (Tabelle 16, Anhang). Die Filtrationsleistung hatte in dieser Gruppe um 41% abgenommen. Allerdings zeigte sich bereits bei 0,03% ein sichtbarer Unterschied mit einer Abnahme von durchschnittlich 33% gegenüber der Kontrolle und das Ergebnis des paarweisen Vergleichs (Tukeys HSD) zwischen diesen Gruppen war nur marginal insignifikant. Dies deutet darauf hin, dass die Muscheln sehr sensibel auf die Partikel reagierten und schon bei recht geringen Mikroplastikmengen in ihrer Umgebung ihre Filtrationsleistung änderten. Eine verringerte Filtrationsaktivität nach der Zugabe von Nanoplastik (<100 nm) konnte auch bei *Mytilus edulis* beobachtet werden (Wegner et al., 2012). Als eine mögliche Ursache hierfür wurde eine Blockade der Kiemen oder des Verdauungstraktes durch die Plastikpartikel vorgeschlagen (Wright et al., 2013a). Möglicherweise traten auch bei *Perna viridis* Blockaden durch die Mikroplastikpartikel auf.

Es ist bekannt, dass Muscheln die Filtration an die Menge suspendierter Feststoffe in der Wassersäule anpassen können. So wurde 1998 von Madon et al. beschrieben, dass die Zebramuschel *Dreissena polymorpha* bei über 1 mg anorganischem Sediment pro l Wasser weniger filtriert. Suspendierte Feststoffe werden als nicht toxische Stressoren klassifiziert (USEPA, 1986) und können Muscheln in unterschiedlicher Weise beeinträchtigen. Dazu zählen verringerte Filtrationsraten, eine verringerte Sauerstoffaufnahme und die Blockade oder Verletzung der Kiemen (Cheung und Shin, 2005). Für *Perna viridis* wurde eine Toleranz von bis zu 1200 mg/l suspendierter Feststoffe beschrieben (Shin et al., 2002). Diese Menge führte jedoch über einen Zeitraum von nur 96 Stunden zu geringeren Filtrationsraten und einer Dosis-abhängigen Verletzung der Kiemen, welche letztendlich zu einer weiteren Reduktion der Nahrungsaufnahme, Respiration und des Wachstums führen kann. Auch das in dieser Arbeit verwendete Mikroplastik stellte einen suspendierten Feststoff dar und könnte so die gleichen Effekte ausgelöst haben. *Perna viridis* ist zwar in der Lage Pseudofaeces zu produzieren und damit selektiv Partikel abzustoßen (Wong und Cheung, 2001), was auch als Grund dafür angegeben wird, dass vergleichsweise hohe Mengen suspendierter Feststoffe toleriert werden (Shin et al., 2002). Von mir durchgeführte mikroskopische Untersuchungen der Faeces belegten jedoch auch die Aufnahme von Mikroplastik in den Magen-Darm-Trakt. Die Bildung von Pseudofaeces trat zwar ebenfalls auf, doch dies konnte die Menge des aufgenommenen Mikroplastiks vermutlich nur reduzieren. Wright et al. (2013a) gehen auch davon aus, dass es Muscheln nicht möglich ist Mikroplastik der Größenordnung, wie sie für diesen Versuch gewählt wurde, vor der Aufnahme in den Magen-Darm-Trakt auszusortieren und gezielt abzustoßen. Es ist sehr wahrscheinlich, dass es in meinem Versuch in den verschiedenen Behandlungsgruppen zu unterschiedlich stark ausgeprägten Verletzungen der Kiemen kam, wie von Cheung und Shin (2005) beschrieben. Dies könnte einen weiteren Grund für die stark reduzierte Filtration mit zunehmender Mikroplastikmenge darstellen. Insbesondere in den Gruppen mit 3% Mikroplastik lag die suspendierte Partikelmenge mit 2160 mg/l deutlich über dem von Shin et al. (2002) beschriebenen Wert von 1200 mg/l. Somit zeigt dieser Versuch auch, dass *Perna viridis* sogar weit höhere Mengen suspendierter Feststoffe über einen gewissen Zeitraum überleben kann; zumindest in dem hier verwendeten Szenario einer zweimal täglichen Resuspension.

In dem von mir durchgeführten Versuch befanden sich die Muscheln während der Messung in sauberem Wasser ohne Mikroplastik. Da trotzdem sehr deutliche Unterschiede in der Filtrationsleistung zwischen den Behandlungsgruppen auftraten, scheint eine andauernde Reaktion auf die Behandlung stattgefunden zu haben, die auch in der Abwesenheit von Plastikpartikeln fortwirkte. Die Resuspension des Mikroplastiks erfolgte zwar nur zweimal täglich, in den Zeitabschnitten dazwischen sanken aber nie alle Partikel ab, da der permanente Luftdiffusor eine geringe aber konstante Wasserbewegung erzeugte. Das bedeutet, dass die Tiere auch außerhalb der Resuspensionszeiten einer geringen Mikroplastikbelastung ausgesetzt waren, die jedoch nicht quantifiziert wurde. Nachdem die Behandlung mit unterschiedlicher Mikroplastikbelastung bereits 6 Wochen andauerte, könnte es durch eine Blockade der Kiemen oder des Verdauungstraktes zu einer andauernden Schwächung der Muscheln gekommen sein, welche auch nach einer zweistündigen Akklimatisierung in sauberem Wasser nicht kompensiert werden konnte.

Eine Verringerung der Filtrationsrate hat direkt eine geringere Nahrungsaufnahme der Muschel zur Folge und führt letztlich zu verringerten Energiereserven. Die durch die Mikroplastikbelastung hervorgerufene Bildung von Pseudofaeces stellt außerdem einen zusätzlichen Energieverbrauch dar. Das bedeutet, dass weniger Energie für die verschiedenen physiologischen Prozesse zur Verfügung steht und der komplette Metabolismus reduziert wird. Dabei wirkte möglicherweise der gleiche Mechanismus, der bei *Mytilus edulis* durch eine verringerte Nahrungsaufnahme innerhalb von 30 Tagen zu einem Standard-Metabolismus (engl. *standard metabolism*) führte (Bayne, 1973). Der Standard-Metabolismus stellt die minimale Energie dar, welche für den Erhalt der lebenswichtigen Prozesse von Nöten ist (Thompson und Bayne, 1972, Widdows, 1973). Die durch die Mikroplastikbehandlung ausgelöste Verringerung der Filtration bei *Perna viridis* reduzierte ebenfalls die Nahrungsaufnahme und könnte so über die Zeit zu einer Annäherung an einen Standard-Metabolismus geführt haben. In der Konsequenz wären auch Beeinträchtigungen der übrigen physiologischen Parameter, wie Respiration, Byssusproduktion und Motilität, zu erwarten.

4.2.2 Respiration

Mit höherer Mikroplastikbelastung wurde eine signifikante Abnahme der Respirationsrate um bis zu 69% beobachtet. Die Ergebnisse der Respirationsmessung unterstützen ebenfalls die Hypothese, dass eine Belastung durch Mikroplastik, wie in diesem Experiment simuliert, die Physiologie beeinflusst und die Effektstärke von der Menge des verwendeten Mikroplastiks abhängt.

Die Respiration, oder Atmung, ist ein essentieller Bestandteil des eukaryotischen Metabolismus. Muscheln sind in der Lage ihre Sauerstoffaufnahme an Umweltvariablen anzupassen. Dazu gehören insbesondere die Temperatur und die Menge sowie Zusammensetzung der suspendierten organischen und anorganischen Partikel im Wasser (Babarro et al., 2000). Die Temperatur schwankte während der Messungen in dieser Arbeit zwischen 26,9 °C und 28,2 °C. Dies liegt nahe der Optimumstemperatur der maximalen Sauerstoffaufnahme pro g Trockengewicht, welche für *Perna viridis* bei 30 °C liegt (Rajagopal et al., 2006). Somit sollte die Temperatur die Respiration in diesem Experiment nicht limitiert haben. Des Weiteren waren die Temperaturschwankungen so gering, dass diese die Messungen nicht beeinflusst haben sollten.

Der deutliche Abfall der Respirationsrate mit höherer Mikroplastikmenge entspricht dem Bild der Filtrationsmessung. Auch hier trat ab einer Mikroplastikmenge von 0,3% (270.000-736.000 Partikel pro ml während der Resuspension) ein signifikanter Unterschied zur Kontrolle auf, wobei die Respirationsrate um 41% im Vergleich zur Kontrolle abnahm. Die Ergebnisse stehen im Einklang mit früheren Untersuchungen. So wurde bereits für die Sandklaffmuschel (*Mya arenaria*) und die Zebramuschel (*Dreissena polymorpha*) eine abnehmende Sauerstoffaufnahme mit erhöhter Menge an suspendierten Feststoffen beschrieben (Grant und Thorpe, 1991, Alexander et al., 1994). Ein großer Unterschied meines Versuches liegt jedoch in der Messung in Abwesenheit eines suspendierten Feststoffes (hier Mikroplastik). Da dennoch deutliche Unterschiede zwischen den verschiedenen Behandlungsgruppen auftraten, liegt es nahe, dass noch eine Reaktion auf die Hälterungsbedingungen vorhanden war. Wie bereits für die Filtrationsleistung beschrieben, könnte es durch die lange Dauer der Behandlung zu einer anhaltenden Schwächung der Tiere gekommen sein. Vor der Messung der Respirationsrate fand zudem nur eine sehr kurze Akklimatisierung in sauberem Wasser statt.

Die Verringerung der Respiration kann auf verschiedene Mechanismen zurückgeführt werden. Wie zuvor beschrieben (siehe Abschnitt 4.2.1) können Muscheln die Öffnung ihrer Schale an die Partikelmenge im umgebenden Wasser anpassen, um die Aufnahme anorganischer Feststoffe zu verhindern. Das Schließen der Schale als Reaktion auf die Anwesenheit von Mikroplastik hat auch eine Verringerung des Gasaustausches und somit der Respiration zur Folge (Babarro et al., 2000).

Außerdem könnte die geringere Respiration ein sekundärer Effekt der geringeren Filtration sein. Eine geringere Nahrungsaufnahme führt zu einer reduzierten Verdauung. Für eine verringerte Verdauungsaktivität muss weniger Energie aufgewendet werden. Zusätzlich wird in Folge eines schlechten Ernährungszustands das Wachstum eingestellt. Diese beiden Faktoren führen zu verringerten Stoffwechselkosten, was wiederum eine Verminderung der Respiration zur Folge hat (Bayne und Widdows, 1978). Ein weiterer Faktor ist die Reduktion des kompletten Metabolismus in Folge einer geringeren Nahrungsaufnahme, wie in Abschnitt 4.2.1 beschrieben. Diese hätte natürlich auch eine Reduktion der Respiration zur Folge. Der geringere Wert der Kontrollgruppe ohne Mikroplastik nach 52 Tagen Hälterung im Labor im Vergleich zum Referenzwert zu Beginn des Versuchs könnte ferner darauf hindeuten, dass die Muscheln durch die Haltung im Labor bereits einen verlangsamten Stoffwechsel aufwiesen. Aufgrund der hohen Raumtemperatur ist davon auszugehen, dass die Tiere unter diesen Bedingungen sehr hohe metabolische Raten aufwiesen. Möglicherweise war die gefütterte Algenmenge jedoch nicht ausreichend und es fand eine kontinuierliche Zehrung der Energiereserven statt.

4.2.3 Byssusproduktion

Die Byssusproduktion war bei Tieren, die über eine Zeit von 44 Tagen größeren Mengen suspendierten Mikroplastiks ausgesetzt waren, gegenüber der Kontrollgruppe deutlich reduziert bzw. sie wurde komplett eingestellt. In dieser Antwortvariablen zeigt sich ein starker Einfluss der Mikroplastikbelastung auf die physiologische Leistungsfähigkeit. Die Hypothesen 1 und 2 können somit bestätigt werden.

Die Byssusproduktion kann durch verschiedene Umweltfaktoren, wie Temperatur, Salinität und mechanische Störung, beeinflusst werden (Van Winkle, 1970, Young, 1985). Außerdem wurde beschrieben, dass *Perna viridis* in Anwesenheit von Prädatoren die Anzahl, Dicke und Länge der Byssusfäden erhöht (Cheung et al., 2006). Byssus spielt eine äußert wichtige Rolle für das Überleben der Muschel. Die feste Anheftung schützt sie davor durch mechanische Störungen, wie Strömungen oder Wellen, fortgerissen zu werden und erhöht die Widerstandsfähigkeit gegen Prädation (Young, 1985, Lin, 1991). Seed und Richardson (1999) berichteten für *Perna viridis* eine sehr schnelle Byssusproduktion von 20 bis 30 Fäden pro Individuum in den ersten 12 Stunden nach einer kompletten Lösung der Verankerung. Diese Rate entspricht den hier beobachteten Werten von bis zu 59 Fäden in 24 Stunden. Die Produktion von Byssus ist jedoch auch mit einem hohen Energieaufwand verbunden. Cheung (1991) beschrieb für die Byssusproduktion bei *Perna viridis* einen Anteil von bis zu 10% an den gesamten Energiekosten zur Bildung von Biomasse. Die von mir gemessene deutliche Reduktion der Byssusproduktion mit steigender Mikroplastikbelastung könnte daher mit den hohen energetischen Kosten erklärt werden, die aufgrund der zuvor beschriebenen Verringerung der Stoffwechselaktivität in Folge reduzierter Filtration (siehe Abschnitt 4.2.1) nicht mehr gedeckt werden konnten. Wahrscheinlich waren die Energiereserven so dezimiert, dass nur noch die lebenswichtigen Prozesse gespeist wurden (Annäherung an einen Standard-Metabolismus) und die Bildung von Byssus zunehmend reduziert wurde. Die Byssusproduktion war teilweise innerhalb einer Gruppe sehr variabel, was sich in großen Varianzen widerspiegelte (Abbildung 14). Insbesondere der Ausgangswert zeigt eine extreme Streuung. Eine große Variabilität in der Byssusproduktion bei *Perna viridis* wurde jedoch auch schon in der Literatur beschrieben (Seed und Richardson, 1999). Trotz der großen Streuung ergaben sich aber signifikante Unterschiede zwischen den Behandlungsgruppen, welche im Vergleich zur Kontrolle wieder ab einer Mikroplastikmenge von 0,3% auftraten. In dieser Gruppe war bereits eine Abnahme der Byssusproduktion von 76% gegenüber der Kontrolle zu beobachten.

Der Einfluss von Mikroplastik oder anderen suspendierten Feststoffen auf die Byssusproduktion bei Mytiliden wurde in der Literatur bisher nicht beschrieben. Übertragen auf das Freiland könnten die beobachteten Ergebnisse jedoch bedeuten, dass eine Belastung von Küstenhabitaten mit Mikroplastik drastische Auswirkungen auf benthische Ökosysteme haben kann. Neben der höheren Anfälligkeit gegenüber Prädation, würde dies bedeuten, dass die Muscheln häufiger losgerissen und in größere Tiefe oder andere, für sie ungünstige, Habitate verdriftet werden. Insgesamt ergäbe sich daraus ein deutlich erhöhtes Mortalitätsrisiko und eine Abnahme der Abundanz dieser Tiere. Das könnte weitreichende Konsequenzen für ganze Ökosysteme haben (siehe Abschnitt 4.6).

4.2.4 Motilität

Die Motilität oder Bewegungsaktivität der Muscheln wurde ab einer Menge von 0,3% Mikroplastik signifikant reduziert und setzte in der Gruppe mit der höchsten Menge (3%) komplett aus. Die Ergebnisse ähneln somit denen der Byssusproduktion und legen nahe, dass der Einfluss des Mikroplastiks auf die Tiere von der Menge der suspendierten Partikel abhängt.

Adulte *Perna viridis* sind in der Lage sich durch Kriechen mit Hilfe ihres Fußes aktiv fortzubewegen. Im Vergleich zu anderen Mytiliden wie beispielsweise *Septifer virgatus* weist *Perna viridis* eine äußerst hohe Motilität auf (Seed und Richardson, 1999). Beobachtungen während des Experimentes dieser Arbeit stehen im Einklang mit Beschreibungen aus der Literatur, dass die Art an verschiedenen Flächen vertikal hochkriecht. Dieses Verhalten scheint weitgehend unabhängig von Umweltfaktoren zu sein und es wurden Geschwindigkeiten von bis zu 11 mm pro Minute beobachtet (Tan, 1975, Seed und Richardson, 1999). Für die Fortbewegung sind die Byssusproduktion sowie Bewegungen des Fußes entscheidend. *Perna viridis* zeigt, wie zuvor beschrieben, eine sehr schnelle Bildung von Byssus (siehe Abschnitt 4.2.3) und ist außerdem im Besitz eines besonders langen und beweglichen Fußes, welcher sich in fast alle Richtungen strecken kann. Durch diese Eigenschaften wird der Muschel eine sehr effektive Fortbewegung zugeschrieben (Seed und Richardson, 1999).

Die Messung der zurückgelegten Höhe pro Zeiteinheit ergab ein sehr ähnliches Bild wie die Byssusproduktion. Mit zunehmender Mikroplastikbelastung war eine starke Abnahme der Aktivität zu beobachten, die ab der Behandlungsstufe 0,3% auch signifikant verschieden von der Kontrolle war. In den beiden Behandlungsgruppen mit 3% Mikroplastik war, außer bei einem Individuum, keine Aktivität mehr vorhanden. Diese Ergebnisse lassen sich sicherlich zu einem großen Teil mit der Reduktion der Byssus-

produktion erklären, da Byssus für die vertikale Bewegung essentiell ist. Zusätzlich scheint jedoch auch die Aktivität des Fußes reduziert gewesen zu sein. Dies könnte wiederum auf eine verringerte Energieverfügbarkeit in Folge einer geringeren Nahrungsaufnahme zurückgeführt werden (siehe Abschnitt 4.2.1). Die Aktivität der Tiere zu Beginn des Versuchs lag deutlich über der, die nach 44 Tagen bei den Tieren der Kontrolle ohne Mikroplastik festgestellt wurde. Das könnte, wie zuvor für die Respirationsrate diskutiert, bedeuten, dass die Energiereserven durch eine unzureichende Fütterung bereits verringert waren. Allerdings ist eine sichere Aussage hier schwierig, da der Referenzwert, wie auch die Werte der übrigen Behandlungsgruppen, eine sehr große Varianz aufweist. Die Varianzen sind vermutlich zu einem Teil auf die Variabilität der Byssusproduktion zurückzuführen (siehe Abschnitt 4.2.3). Die Ergebnisse zeigen aber deutlich, dass durch die Anwesenheit von Mikroplastikpartikeln nicht nur der biochemische Prozess der Byssusproduktion, sondern auch die Beweglichkeit der Tiere insgesamt stark beeinträchtigt wurde.
Die hohe Beweglichkeit von *Perna viridis* wird als ein Grund angegeben, warum diese Art gut in stark verschmutzten Habitaten überleben kann. Bei großen Sedimentmengen in der Wassersäule kann sie schnell ausweichen. Außerdem ermöglicht die hohe Aktivität, die insbesondere vereinzelte Muscheln aufweisen, eine rasche Bildung von Muschelaggregaten. Diese wiederum schützen die Individuen beispielsweise vor Prädation (Tan, 1975). Eine Verminderung der Motilität würde das Mortalitätsrisiko erhöhen, indem die Tiere ungünstigen Bedingungen schlechter ausweichen und weniger Aggregate bilden können.

4.2.5 Mortalität

Auch hinsichtlich der Mortalität während des Experiments sind deutliche Unterschiede zwischen den Behandlungsgruppen zu sehen. Eine Menge von 3% Mikroplastik halbierte die mittlere Überlebenszeit im Vergleich zur Kontrolle. Dies weist auf einen Einfluss der Mikroplastikpartikel hin (Hypothese 1), dessen Stärke zudem mengenabhängig ist (Hypothese 2). Wie zuvor diskutiert, kam es als Folge der geringen Filtrationsleistung wahrscheinlich zu einer Reduktion des Stoffwechsels mit einer Annäherung an einen Standard-Metabolismus. Dies spiegelt sich auch in den übrigen Antwortvariablen wider. Dauert der, wie von Widdows (1973) beschriebene, Standard-Metabolismus zu lange an, werden die Energiereserven der Muschel zunehmend aufgebraucht. Dies führt letztendlich zum Tod. Eine grundsätzliche Schwächung der Muscheln scheint bereits durch die Haltung im Labor eingetreten zu sein, da auch in der Kontrollgruppe eine deutliche Mortalität auftrat. Diese wurde jedoch durch zunehmende Mengen an Mikroplastik weiter verstärkt. Durch paarweise Vergleiche mittels eines Peto-Wilcoxon Tests konnte nachgewiesen werden, dass sich die Behandlungsgruppen 0,03% und 0,3% signifikant von der Gruppe mit der höchsten Mikroplastikmenge (3%) unterscheiden. Vergleiche der einzelnen Gruppen mit der Kontrolle ergaben jedoch keine signifikanten Unterschiede, trotz der sichtbaren Unterschiede im Kurvenverlauf und der deutlich höheren medianen Überlebenszeit der Kontrollgruppe. Dies ist vermutlich auf die plötzlich auftretende Mortalität in der Kontrollgruppe in der Mitte des Experiments (Tag 28-35) zurückzuführen, da in diesem Zeitfenster der Kurvenverlauf der Kontrollgruppe den Kurvenverläufen der übrigen Behandlungsgruppen ähnelt. Dies spiegelt jedoch nicht die Behandlung mit Mikroplastik an sich wider, sondern ist mit großer Wahrscheinlichkeit auf eine Verunreinigung im Labor zurückzuführen. Da in dem Labor schon zuvor Kontaminationen des Meerwassers vorgekommen waren, liegt es nahe, dass dies der Grund für die hohe Sterblichkeit war. Dafür spricht auch, dass die übrigen Gruppen, welche keine Auffälligkeiten zeigten, aus anderen Wasserquellen versorgt wurden als die Kontrollgruppe (siehe Abschnitt 2.4.1). Es ist unklar durch welche Stoffe das Sterben ausgelöst wurde. Eine Wasseranalyse ergab keine Auffälligkeiten in den Konzentrationen von Ammonium, Nitrat, Nitrit und Phosphat sowie dem pH Wert. Ein möglicher Ursprung könnte darin liegen, dass der Wasserkreislauf der Kontrollgruppe auch für die Versorgung von über 100 Seegurken (*Holothuria leucospilota*) verwendet wurde. In dem entsprechenden Wassertank wurden auch schleimartige Ablagerungen entdeckt, welche möglicherweise von diesen Tieren stammten. Seegurken sind dafür bekannt Sekundärmetabolite, wie beispielsweise Saponine, zu bilden, welche der chemischen Abwehr dienen (Caulier et al., 2011). Eine Abgabe solcher Stoffe in den Wasserkreislauf im Labor, könnte zu einer Intoxikation der Muscheln geführt haben. Genauere Analysen möglicher Stoffe im Wasser waren nicht möglich. Dass das Meerwasser auslösend war für die Mortalität, wird jedoch dadurch deutlich, dass nach dem Wechsel zu einer anderen Wasserquelle an Tag 35 kein weiteres Tier gestorben ist. In diesem Zusammenhang ist zu diskutieren inwiefern die Nutzung verschiedener Wasserkreisläufe für verschiedene Behandlungsgruppen einen weiteren Faktor in das Experiment eingebracht hat. Für die Vergleichbarkeit der Gruppen muss angenommen werden, dass das Meerwasser selbst keinen Einfluss auf die Tiere hatte, da sonst nicht mit Sicherheit gesagt werden kann, ob die beobachteten Effekte auf die Mikroplastikbehandlung oder auf Unterschiede in der Wasserqualität zurückzuführen sind. Da immer darauf geachtet werden sollte alle äußeren Faktoren möglichst gleich und kontrolliert zu halten, wäre es während dieser Arbeit wünschenswert gewesen alle Tiere aus der gleichen Wasserquelle zu versorgen. Dies wurde jedoch nicht gemacht, da trotz Filterung nicht ausgeschlossen werden konnte, dass Mikroplastik oder Fluoranthen über das Kreislaufsystem in den Vorratstank gelangt. Es wurde daher als wichtiger eingestuft eine mögliche Kontamination zwischen den Gruppen zu vermeiden.

Um zu testen, ob die unterschiedlichen Wasserquellen an sich einen Einfluss auf die Leistungsfähigkeit der Muscheln hatten, wurden nach dem Wechsel der Wasserquelle der Kontrolle (Tag 35) Gruppen von jeweils 7 Muscheln (die neu aus der Bucht von Jakarta geholt wurden) für 33 Tage im Meerwasser der verschiedenen Wasserkreisläufe gehalten (Abbildung 7). Anschließend wurden die Tiere einem Hypoxie-Stresstest ausgesetzt, anhand welchem die Toleranz gegenüber Umweltstressoren als Indikator für die Fitness der Tiere erfasst werden sollte. Dabei ergaben sich keine signifikanten Unterschiede zwischen den drei Gruppen (Abbildung 19, Tabelle 17, Anhang). Somit wird angenommen, dass das Wasser selbst (außer im Falle der Kontamination in der Kontrollgruppe) keinen Einfluss auf die beobachteten Unterschiede zwischen den Behandlungsgruppen hatte.

Eine deutlich erhöhte Mortalität in Anwesenheit größerer Mengen an Mikroplastik hätte drastische Folgen für Muschelpopulationen im Freiland. Sie würde zu einer deutlich reduzierten Fitness führen und letztlich die Abundanz von *Perna viridis* verringern. Das hätte nicht nur für die Art an sich, sondern auch für das gesamte Ökosystem Konsequenzen, wie in Abschnitt 4.6 diskutiert wird.

4.3 Der Einfluss von Fluoranthen

Bei keiner der physiologischen Antwortvariablen trat ein Unterschied zwischen den 3%-Gruppen mit und ohne Fluoranthen auf. Somit war kein Effekt des Schadstoffes nachweisbar und die Hypothese 3 kann nicht gestützt werden. Verschiedene Studien haben bereits gezeigt, dass PAHs in der Umwelt in Muscheln akkumulieren und Konzentrationen von bis zu 390 ng/g Trockengewebe auftreten; ein Maximalwert, der für *Mytilus galloprovincialis* im westlichen Mittelmeer beschrieben wurde (Baumard et al., 1998, Yap et al., 2012). Die gemessenen Mengen korrelieren dabei stark mit der Nähe zu urbanen Zentren und Industrieanlagen (Liu und Kueh, 2005, Yap et al., 2012). Die Aufnahme der PAHs kann direkt aus dem Wasser über die Kiemen oder im Verdauungstrakt durch an Partikel gebundene Schadstoffe erfolgen (Baumard et al., 1998). Kleine PAHs mit weniger als 4 aromatischen Ringen, zu denen auch Fluoranthen zählt, können von Muscheln gut in der in Wasser gelösten Form aufgenommen werden (Piccardo et al., 2001). In dem hier durchgeführten Experiment wurde jedoch das Szenario der an Partikel gebundenen Schadstoffe simuliert. Dafür war eine erfolgreiche Kontamination der PVC-Partikel die Voraussetzung. Die Analyse einer Probe des inkubierten Mikroplastiks ergab eine Menge von 8,18 ng Fluoranthen pro g PVC. Dies spricht grundsätzlich dafür, dass die Methodik funktionierte. Außerdem wird dies durch die Ergebnisse anderer Experimente im Rahmen dieses GAME-Projektes gestützt (Liebetrau und weitere, persönliche Kommunikation). Allerdings konnte in der zweiten von mir untersuchten Probe kein Fluoranthen detektiert werden, obwohl sie aus der gleichen Ursprungsprobe stammte, welche für die Analyse geteilt wurde (siehe Abschnitt 2.6). Es wäre somit eigentlich ein ähnliches Ergebnis zu erwarten gewesen.

Der Unterschied könnte durch Fehler während der Probenaufbereitung für die HPLC zustande gekommen sein. Außerdem waren die eingesetzten Mengen von 0,26 g und 0,22 g PVC pro Probe deutlich geringer, als für die Methode vorgesehen (1 g), was zu Messungenauigkeiten geführt haben könnte. Die gefundene Konzentration liegt im Vergleich zu anderen GAME-Gruppen eher niedrig. Ein Grund dafür könnte die hohe Raumtemperatur im Labor gewesen sein. Bakir et al. (2014) beschrieben, dass die Desorption von PAHs von verschiedenen Polymeren durch steigende Temperaturen stark erhöht wird, indem sich Mizellen bilden und die Schadstoffe besser im Wasser gelöst werden. Ein gekühlter Raum stand nicht zur Verfügung und die Wasserbäder, mit welchen versucht wurde die Temperatur der Mikroplastik-Fluoranthen Lösung zu senken, konnten diese nur kurzzeitig verringern (siehe Abschnitt 2.4.3).
Die Analyse des Gewebes ergab recht ähnliche Fluoranthen Konzentrationen in den beiden 3%-Gruppen, während in allen anderen Behandlungsgruppen kein Fluoranthen detektiert wurde. Dies zeigt, dass eine Einlagerung des Schadstoffes in das Gewebe von *Perna viridis* grundsätzlich möglich ist und auch, wie schon in der Literatur beschrieben (Richardson et al., 2008, Yap et al., 2012), erfolgte. Die Konzentrationen pro Gramm Trockengewicht lagen dabei deutlich über dem Wert pro Gramm Mikroplastik. Dies könnte für eine Akkumulation über einen längeren Zeitraum sprechen. Eine Schadstoffbelastung wurde jedoch neben der Gruppe mit 3% Mikroplastik und Fluoranthen auch in den Geweben aus der Gruppe mit 3% ohne Fluoranthen (3%*) detektiert. Da es sonst in keiner Gruppe ein Signal gab, kann es sich dabei nicht um ein Hintergrundsignal handeln, das beispielsweise durch eine Verunreinigung des Meerwassers mit Fluoranthen zustande gekommen sein könnte. Vielmehr muss davon ausgegangen werden, dass eine unbeabsichtigte Kontamination der Probe stattfand. Dies könnte während der Probenaufbereitung für die toxikologische Analyse im Labor passiert sein. Ebenso ist es möglich, dass Gewebeproben vertauscht wurden. Da die meisten Replikate für die BCI-Messung verwendet wurden und für die toxikologische Analyse eine Menge von 5 g pro Probe vorgesehen war, mussten die drei Replikate pro Gruppe für eine Gewebeprobe zusammengeführt werden. Dies stellt eine starke Limitierung dar, da die Kontamination von nur einem Individuum ausgegangen sein

könnte, aber die komplette Probe dann positiv gemessen wurde. Insgesamt wäre es empfehlenswert sowohl von dem Gewebe der Muscheln, als auch von den eingesetzten Mikroplastikpartikeln mehrere Proben zu analysieren, um einzelne Ausreißer besser beurteilen zu können. Im Falle des Gewebes stand dies jedoch im Konflikt mit der BCI-Bestimmung.

Eertman (1993) beschrieb für *Mytilus edulis* verschiedene Effekte von Fluoranthen bei Konzentrationen über 8,6 ng pro g Trockengewebe. Dazu zählen eine verringerte Filtrationsleistung, geringeres Wachstum, gestörte Gonadenentwicklung, reduzierte Respiration und erhöhte Mortalität. Der von mir gemessene Wert von 95 ng Fluoranthen pro g Trockengewebe in der 3% Gruppe liegt deutlich über diesem Schwellenwert. Somit wären Effekte des Fluroanthens in dieser Gruppe zu erwarten gewesen. Da jedoch nie Unterschiede zu der 3% Gruppe ohne Fluoranthen (3%*) auftraten, ist ein Fluorantheneffekt eher unwahrscheinlich. Außerdem zeigten sich die beobachteten Effekte bei allen Antwortvariablen auch in den übrigen Behandlungsgruppen, die kein Fluoranthen im Gewebe auswiesen, was für einen reinen Mikroplastikeffekt spricht.

4.4 Das Resuspensions-Szenario

Die hier durchgeführten Experimente stellen ein Szenario nach, in welchem durch Resuspension Mikroplastik in regelmäßigen Intervallen, die die Gezeiten simulieren, in die Wassersäule gelangt und so für Filtrierer verfügbar gemacht wird. Aus diesem Grund wurden die verschiedenen Mikroplastikmengen mit Bezug auf eine feststehende Menge an Sediment pro Versuchsbehälter berechnet (siehe Abschnitt 2.3). Für die Wirkung des Mikroplastiks auf die Muscheln ist letztendlich jedoch nur die Partikelzahl in der Wassersäule entscheidend. Diese war in dem hier verwendeten Versuchsaufbau stark von der Effizienz der Resuspension abhängig. Es wurde darauf geachtet die Stärke der Luftströme, die durch die verschiedenen Diffusorsteine flossen, möglichst gleich einzustellen, aber eine völlige Standardisierung war nicht möglich. Eine Auszählung der Partikeldichten in der Wassersäule während der Resuspension ergab zwar deutliche Unterschiede zwischen den Behandlungsgruppen – mit einem höheren Mikroplastikanteil stieg die Dichte der resuspendierten Partikel – die Werte waren jedoch recht variabel und spiegelten die logarithmische Anordnung der Behandlungsstufen nicht wider (Tabelle 16, Anhang). Für zukünftige Experimente sollte somit eine möglichst homogene Durchmischung der Wassersäule erreicht werden, um die Behandlung zwischen den Individuen einer Gruppe so vergleichbar wie möglich zu machen. Große Unterschiede in der Partikeldichte führen letztendlich zu unerklärten Varianzen innerhalb einer Gruppe, die jedoch durch eine ausreichende Replikation kompensiert werden können. Die deutlichen und signifikanten Unterschiede zwischen den Behandlungsgruppen bei allen Antwortvariablen sprechen dafür, dass die Unterschiede zwischen den Gruppen deutlich größer waren als die unerklärten Varianzen innerhalb der Gruppen. Die Variabilität der Partikeldichte während der Resuspension stellte somit kein Problem für den Versuchsansatz dar.

Es handelt sich bei der Simulation einer durch Gezeiten ausgelösten Resuspension von Mikroplastik um ein Versuchsszenario, welches in der Literatur bisher nicht beschrieben wurde. Auch fehlen bislang Daten aus dem Freiland, welche Aufschluss über Resuspensionsraten von Mikroplastikpartikeln in Küstenhabitaten geben. Die Resuspension von Sediment findet sowohl in flachen Küstengebieten, als auch in der Tiefsee statt (De Jonge und Van Beusekom, 1995, Vangriesheim und Khripounoff, 1990). Bei geringer Wassertiefe spielen insbesondere durch Wind induzierte Wellen eine entscheidende Rolle für die Resuspension von Feinsedimenten; ein häufig auftretendes Phänomen (De Jonge und Van Beusekom, 1995). Wasserströmungen, die durch Gezeiten ausgelöst werden, können auch in größerer Tiefe zu einer Resuspension führen (Lampitt, 1985). Kommt es zu einer Resuspension werden insbesondere feine Partikel in die Wassersäule transportiert, egal ob es sich dabei um Ton oder Microphytobenthos handelt (De Jonge und Van Beusekom, 1995). Es ist daher anzunehmen, dass dies auch für Mikroplastikpartikel gilt, insbesondere in einer Größenordnung von wenigen Mikrometern, wie sie für diesen Versuch gewählt wurden. Da *Perna viridis* vorzugsweise flache Küstenhabitate besiedelt, sollte sie regelmäßigen Resuspensionsereignissen ausgesetzt sein. Neben dem Einfluss von Gezeiten könnten aber, anders als im Szenario dieses Versuchs, auch Winde eine entscheidende Rolle für die Häufigkeit und Stärke solcher Ereignisse spielen und es wären somit saisonale Unterschiede zu erwarten. Es ist zwar fraglich wie stark die Tiere resuspendiertem Material in dichten Muschelbänken ausgesetzt sind, welche das Sediment großflächig bedecken können. Insgesamt ist jedoch davon auszugehen, dass auch in den natürlichen Habitaten eine Resuspension von Mikroplastik aus dem Sediment stattfindet.

4.5 Schlussfolgerung

Die gefundenen Ergebnisse zeigen insgesamt ein sehr klares Muster. Mit steigender Mikroplastikbelastung erfolgte eine zunehmende Beeinträchtigung verschiedener physiologischer Prozesse und eine erhöhte Mortalität trat auf. Dabei dürfen die einzelnen Antwortvariablen nicht getrennt voneinander betrachtet werden, da sie sich, wie zuvor beschrieben, teilweise gegenseitig bedingen. So kann das Schließen der Schale als Reaktion auf die Partikelbelastung über längere Zeiträume die Filtrationsrate und gleichzeitig die Atmung beeinflussen. Ein reduzierter Stoffwechsel aufgrund einer Energielimitierung als Folge einer geringeren Filtrationsleistung und damit einer geringeren Nahrungsaufnahme sollte sich ebenfalls auf die Respiration, die Byssusproduktion und die Motilität auswirken. Letztendlich kann dies dann auch in einer erhöhten Mortalität resultieren. Die Ergebnisse scheinen vor allem auf die unterschiedliche Belastung mit Mikroplastikpartikeln zurückführbar zu sein. Wie in Abschnitt 4.2.1 beschrieben, stellen die eingesetzten Mikroplastikpartikel einen suspendierten Feststoff dar. Diese sind als Stressoren für Muscheln bekannt und die hier beobachteten Effekte können sehr wahrscheinlich hauptsächlich auf diese Eigenschaft zurückgeführt werden. Das würde bedeuten, dass ähnliche Ergebnisse auch mit anderen Polymeren als PVC oder natürlichen Feststoffen wie Ton in der gleichen Größe zu erwarten sind. Für natürliche Ökosysteme könnte dies bedeuten, dass der Stressfaktor von suspendierten Feststoffen durch die Anwesenheit von Mikroplastik weiter verstärkt und verbreitet wird. Wie verschiedene Studien (siehe Abschnitt 1.3.1) gezeigt haben, sind Mikroplastikpartikel ubiquitär zu finden. Die Mengen können zwar stark variieren, aber Mikroplastik ist in allen küstennahen Sedimenten vorhanden. Sehr feinkörnige Sedimente, die wie beispielsweise Ton langsam sedimentieren, sind auf bestimmte Zonen begrenzt. In diesen Habitaten können Muscheln, welche suspendierten Feststoffen gegenüber empfindlich sind, nur eingeschränkt leben. Wenn Mikroplastik, welches die gleiche Wirkung hat, sich weiter verbreitet, könnte dies die Abundanz verschiedener Muschelarten stark beeinflussen. Die Ergebnisse dieser Arbeit zeigen außerdem, dass Veränderungen in der Leistungsfähigkeit von Muscheln schon bei geringen Mikroplastikmengen auftreten können. Dies steht in Einklang mit Beobachtungen von Wegner et al. (2012), die bei *Mytilus edulis* gemacht wurden.

Ein besonders kritischer Faktor, der die Mikroplastikpartikel von natürlichen Sedimenten unterscheidet, ist die Interaktion mit POPs. Diese Eigenschaft konnte in dem hier durchgeführten Versuch nicht gezeigt werden. In der Meeresumwelt sind jedoch meist komplexe Mischungen von organischen Schadstoffen vorhanden, welche auf den Plastikpartikeln akkumulieren und Organismen schädigen können, die dieses Plastik aufnehmen. Zusätzlich können auch Additive, wie Weichmacher oder Flammschutzmittel, aus dem Plastik austreten.

Eine vergleichende Analyse über alle Arten (Filtrierer und Depositfresser), die im Rahmen dieses GAME-Projekts untersucht wurden, zeigt, dass die Einflüsse von Mikroplastik sehr unterschiedlich sein können. In Tabelle 13 sind die gefundenen signifikanten Unterschiede zwischen Behandlungsgruppen für alle Arten aufgelistet. Es treten dabei sowohl Effekte auf, die sich auf die Mikroplastikbelastung, als auch auf die Anwesenheit des Schadstoffes Fluoranthen zurückführen lassen. Auch wenn die Ergebnisse sehr unterschiedlich sind, scheint es dennoch einen allgemeinen Trend zu geben, nach dem die Anwesenheit von Mikroplastik tendenziell die Mortalität erhöht, die Bewegungsaktivität verringert und zu einer reduzierten Nahrungsaufnahme führt. Dies könnte für einen ähnlichen Mechanismus, wie zuvor für *Perna viridis* diskutiert, sprechen, indem durch den Stressor Mikroplastik die Energiezufuhr limitiert wird bzw. Energiereserven aufgebraucht werden. Teilweise waren die Reaktionen der einzelnen Arten jedoch gegensätzlich, wie im Beispiel einer steigenden Respiration bei der Auster *Isogonomon radiatus* (Heel und Hernández, persönliche Kommunikation). Dies steht in eindeutigem Kontrast zu den Ergebnissen dieser Arbeit. Oftmals waren auch keinerlei Effekte zu beobachten. Dies zeigt, dass die Ergebnisse sehr art- bzw. systemspezifisch sind und sich daher nur schwer generelle Aussagen machen lassen. So könnten auch unterschiedliche Umweltbedingungen an den Stationen die Ergebnisse beeinflusst haben. So ist es denkbar, dass *Perna viridis* in Indonesien durch die hohe Temperatur im Labor, die Schadstoffbelastungen in der Bucht von Jakarta (Arifin, 2004) und den langen Transportweg stärker gestresst war als die meisten anderen untersuchten Arten und somit empfindlicher auf einen zusätzlichen Stressor in Form der Plastikpartikel reagierte. In der Umwelt sind Organismen jedoch fast immer mehreren Stressfaktoren gleichzeitig ausgesetzt (Adams, 2005, Halpern et al., 2007). Häufige Faktoren in marinen Systemen sind beispielsweise Erwärmung, Versauerung, Schadstoffbelastung, Eutrophierung und Sauerstoffmangel. Eine Metaanalyse von 171 Studien über den Einfluss mehrerer Stressoren ergab, dass in marinen Systemen drei oder mehr gleichzeitig auftretende Stressoren in fast allen Fällen eine synergistische Wirkung hervorrufen (Crain et al., 2008). Mikroplastik könnte einen zusätzlichen Stressfaktor darstellen, der in Kombination mit anderen Stressoren Organismen erheblich mehr schwächt, als wenn er alleine wirkt.

Tab. 13: Übersicht aller signifikanten Effekte des Mikroplastiks und des Fluoranthens auf die an den GAME XII Standorten untersuchten Arten

Art	Land	Signifikante Effekte
Uca rapax	Brasilien	- erhöhte Mortalität mit Mikroplastik + Fluoranthen - verringerte Motilität mit Mikroplastik
Perna perna	Brasilien	- keine Effekte
Ochetostoma baronii	Chile	- keine Effekte
Perumytilus purpuratus	Chile	- keine Effekte
Holothuria leucospilota	Indonesien	- verringerte Faecesproduktion mit Mikroplastik
Perna viridis	Indonesien	- erhöhte Mortalität mit Mikroplastik - verringerte Filtration mit Mikroplastik - verringerte Respiration mit Mikroplastik - verringerte Byssusproduktion mit Mikroplastik - verringerte Motilität mit Mikroplastik
Abarenicola pacifica	Japan	- verringerte Nahrungsaufnahme mit Mikroplastik - verringerte Eingrabgeschwindigkeit mit Mikroplastik
Mytilus trossulus	Japan	- verringerte Byssusproduktion mit Mikroplastik - erhöhte Mortalität mit Mikroplastik + Fluoranthen
Eupolymnia rullieri	Mexiko	- keine Effekte
Isognomon radiatus	Mexiko	- erhöhte Respiration mit Mikroplastik + Fluoranthen
Holothuria sanctori	Portugal	- erhöhte Respiration mit Mikroplastik + Fluoranthen
Megabalanus azoricus	Portugal	- verringerte Cirrenaktivität mit Mikroplastik + Fluoranthen
Arenicola marina	Wales	- verringerte Hypoxietoleranz mit mittlerer Mikroplastikmenge - verringerte Faecesproduktion mit Mikroplastik + Fluoranthen
Mytilus edulis	Wales	- keine Effekte

4.6 Ökologische Relevanz

In tropischen Systemen, wie dem indonesischen Archipel, ist *Perna viridis* sehr abundant, stellt einen wichtigen benthischen Habitatsbildner und Ökosystem-Ingenieur dar und ist eine wichtige Proteinquelle für die Bevölkerung (siehe Abschnitt 1.4). Ein Rückgang dieser Art hätte somit Auswirkungen auf viele benthische Ökosysteme in dieser Region sowie sozioökonomische Folgen. Käme es durch die Verringerung der Byssusproduktion zu einer Destabilisierung von Muschelbänken, könnte dies zu einer erhöhten Erosion von Sedimenten führen. Außerdem können auch die Sedimenteigenschaften verändert werden, wenn die Ablagerung von partikulärem Material über Faeces und Pseudofaeces wegfiele. Diese beiden Prozesse haben das Potential Habitate für andere Organismen und somit die benthische Artengemeinschaft zu verändern. Hinzu kommt, dass die Muschelbänke selbst als Habitat für andere Invertebraten, Algen und kleine Fische dezimiert würden.

Eine weitere wichtige Funktion von Muscheln ist die Verringerung der Trübung durch ihre Filtration. Wird diese Aktivität durch reduzierte Filtrationsraten und eine geringere Abundanz von *Perna viridis* vermindert, könnte sich dies auf die Wassertrübung und somit auf die Photosyntheseleistung und das Wachstum von planktonischen und benthischen Algen auswirken. Das könnte wiederum weitreichende Konsequenzen für verschiedenste andere Organismen haben, indem sich die Sauerstoffkonzentrationen im Wasser und das Nahrungsangebot verändern.

Nicht zuletzt gäbe es Konsequenzen für Arten auf höheren trophischen Leveln, wenn Muscheln als Nahrungsquelle beispielsweise für Krebstiere und Vögel nur noch eingeschränkt verfügbar wären.

In den meisten Küstenhabitaten ist die Belastung durch Mikroplastik derzeit noch vergleichsweise gering und es sind somit keine Folgen dieses Ausmaßes zu erwarten. Wie die Ergebnisse dieser Arbeit gezeigt haben, reagiert *Perna viridis* jedoch sehr sensibel auf Mikroplastik und eine Veränderung der Muschelabundanz in Folge einer weiteren Zunahme von Mikroplastik hat das Potential ganze benthische Systeme zu beeinflussen.

4.7 Mikroplastik-Monitoring

Verschiedenste Studien haben gezeigt, dass Mikroplastik ubiquitär verbreitet ist. Insbesondere in der Umgebung von Jakarta, eine Metropolregion mit circa 30 Millionen Einwohnern, findet sich eine hohe Abundanz von Makroplastik im Meer und somit wäre auch eine hohe Verschmutzung mit Mikroplastik zu erwarten. Die hier gefundenen Mengen von durchschnittlich 2,3 Partikeln/kg Trockengewicht (TG) Sediment im Spülsaum und 7,2 Partikeln/kg TG Sediment im Eulittoral sind jedoch vergleichsweise gering. In der Literatur wird für verschiedene Standorte, wie beispielsweise Singapur, meist das 10- bis 50-fache angegeben (Nor und Obbard, 2014, Claessens et al., 2011). Es ist jedoch durch die Verwendung unterschiedlicher Quantifizierungsmethoden nicht immer möglich Partikelmengen zwischen Studien direkt miteinander zu vergleichen. So ist neben der Partikelanzahl pro Massen- oder Volumeneinheit Sediment auch die Angabe von Massenprozent verbreitet (Reddy et al., 2006).

Im Vergleich zu den anderen GAME-Standorten in diesem Projekt liegen die Werte aus Indonesien ebenfalls im unteren Bereich (Tabelle 14). Auch ein Monitoring auf der Insel Pari, 20 km nordwestlich von Rambut, während des vorherigen GAME Projekts (2013) fand mit 48,9 Partikeln/kg TG Sediment im Spülsaum eine deutlich größere Menge (Piehl, persönliche Kommunikation). Dies steht in großem Kontrast zu der sichtbaren Plastikverschmutzung an den Stränden der Insel Rambut (Abbildung 1). Eine mögliche Erklärung könnten Strömungen und Winde (beispielsweise der Monsun) sein, welche zwar den Plastikmüll zu der Insel Rambut transportieren, aber gleichzeitig auch das Sediment auswaschen und für eine ständige Erneuerung der oberen Schichten sorgen. Dies würde auch erklären, warum in den oberen 5 cm und im Spülsaum weniger Partikel zu finden waren. Es könnte durch saisonal auftretende Stürme auch zu einer zeitlichen Variabilität der Mikroplastikabundanzen im Verlauf des Jahres kommen, wie es von Lima et al. (2014) für eine Ästuar in Brasilien beschrieben wurde. Möglicherweise wären in anderen Monaten größere Partikelmengen zu finden. Es sind jedoch weitere Untersuchungen vonnöten, um diese Vermutungen zu überprüfen.

Aufgrund bestimmter Limitierungen in der Methodik ist außerdem davon auszugehen, dass die tatsächliche Menge an Mikroplastik deutlich höher liegt als die gemessene. Die Extraktion von Plastikpartikeln mithilfe einer hypersalinen Lösung funktioniert nur für Polymere mit einer geringeren Dichte als 1,2 g/cm^3. Dies schließt beispielsweise PVC und PET aus, welche jedoch zu den am häufigsten produzierten Polymeren gehören und somit auch in hoher Menge in den Sedimenten vertreten sein sollten (Claessens et al., 2013). Für eine möglichst effiziente Extraktion wird ferner empfohlen das Waschen des Sediments mit einer hypersalinen Lösung mehrfach durchzuführen (Hidalgo-Ruz et al., 2012). Das war in dieser Studie aus zeitlichen Gründen leider nicht möglich. Ein weiterer Faktor, welcher zu einer möglichen Unterschätzung der Partikelzahl geführt haben könnte, ist der Größenbereich, der mit den verwendeten optischen Mitteln detektiert werden konnte. Da es nicht möglich ist kleinere Partikel als 0,5 mm mit einer Stereolupe zweifelsfrei als Kunststoff zu identifizieren, waren diese von der Erfassung ausgeschlossen. Partikel kleiner 0,5 mm können jedoch den Großteil des Mikroplastiks ausmachen (Browne et al., 2010, Nor und Obbard, 2014). Es ist somit sehr wahrscheinlich, dass mit anderen Methoden für die Extraktion und Identifizierung eine höhere Partikelzahl gefunden worden wäre.

In allen Proben war eine große Zahl an Fasern zu finden. Deren Ursprung liegt vermutlich in der Fischerei, welche in der Umgebung von Jakarta sehr verbreitet ist (Arifin, 2004). Durch die Verwendung von Netzen und Seilen werden viele Fasern freigesetzt (Topçu et al., 2013). Eine weitere Quelle kann in synthetischen Textilien liegen (Browne et al., 2011). Fragmente, die zweithäufigste gefundene Partikelart, entstehen hauptsächlich durch die Degradation größerer Kunststoffartikel. Solche gelangen in hoher Zahl als Haushaltsmüll aus der Großregion von Jakarta in das Meer.

Tab. 14: Übersicht über die gefundenen Mikroplastikpartikelabundanzen pro kg TG Sediment während des Monitorings im Spülsaum und im Eulittoral an den GAME XII Standorten

Standort	Spülsaum [Partikelzahl/kg TG Sediment]	Eulittoral
Brasilien	5,33	6
Chile	27,9	-
Indonesien	2,3	7,2
Japan	3,7	8,9
Mexiko	60	50,3
Portugal	2,6	1,6
Wales	27,3	14,4

4.8 Ausblick

Untersuchungen zur Verbreitung von Mikroplastik in den Meeren und dessen Auswirkungen auf marine Organismen sind noch immer ein recht neues Forschungsgebiet. Die Anzahl der Arten, welche in diesem Zusammenhang bisher untersucht wurden, ist begrenzt. Durch die breite Aufstellung von GAME in unterschiedlichen Ländern und Ökosystemen, konnte dieses Projekt hier einen großen Beitrag leisten. Es wurde für zahlreiche Arten zum ersten Mal die Aufnahme von Mikroplastik nachgewiesen. Außerdem konnten bei 9 von 14 untersuchten Arten Effekte von Mikroplastik beschrieben werden. Insbesondere für tropische Systeme fehlen solche Studien bisher völlig. Das Beispiel von *Perna viridis* zeigt jedoch, dass tropische Arten sehr sensibel reagieren können. Die Temperatur und die damit verbundenen hohen Stoffwechselraten könnten in diesem Zusammenhang eine bedeutende Rolle spielen.

Vor allem die Komplexität dieses Themas bietet viele Möglichkeiten für zukünftige Forschung. Es gibt zahlreiche Variablen, welche einen möglichen Einfluss auf die Auswirkungen von Mikroplastik haben und experimentell variiert werden könnten, um die Effekte unterschiedlicher Belastungsszenarien zu untersuchen. Die wichtigsten Aspekte sind in Abbildung 18 dargestellt. Allein aus den hier aufgeführten Faktoren und ihren Eigenschaften ergeben sich zahlreiche Kombinationsmöglichkeiten, welche zu neuen und eventuell abweichenden Ergebnissen führen können. Dies soll veranschaulichen, dass die Möglichkeiten der Forschung in diesem Gebiet längst nicht ausgeschöpft sind.

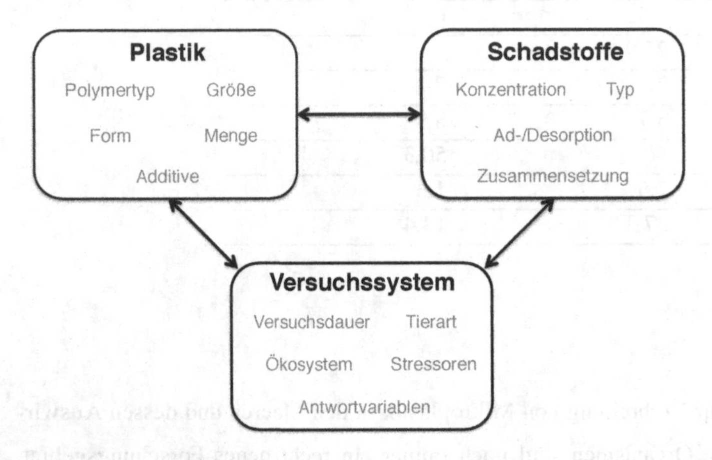

Abb. 18: Die für die Auswirkungen von Mikroplastik auf marine Systeme zentralen Faktoren (Plastik, Schadstoffe und das Versuchssystem, in schwarz dargestellt) und ihre Variabilität im Bezug auf unterschiedliche Eigenschaften (in grau dargestellt)

In diesem Zusammenhang wären Versuche mit multifaktoriellem Ansatz sehr interessant. So ließen sich beispielsweise verschiedene Mikroplastikmengen mit mehreren Schadstoffen oder Schadstoffkonzentrationen kombinieren, um die Relevanz der Partikel als Vektoren für Schadstoffe zu klären. Außerdem fehlen bisher Langzeitstudien, welche sich mindestens über mehrere Monate erstrecken und an der Lebensdauer der Versuchsorganismen orientieren. In diesem Aspekt stellt bereits der GAME-Ansatz mit seiner vergleichsweise langen Dauer von 3 Monaten ein Novum dar. Sowohl ein multifaktorieller Ansatz, als auch eine lange Versuchsdauer würden es ermöglichen den tatsächlichen Umweltbedingungen, denen die Tiere ausgesetzt sind, näher zu kommen und damit Auswirkungen einer Mikroplastikbelastung im natürlichen Habitat besser abschätzen zu können.

Des Weiteren könnten mögliche Effekte auf anderen Ebenen untersucht werden. Es wäre interessant histologische und immunologische Analysen durchzuführen, da auf zellulärer Ebene Veränderungen auftreten können, welche sich nicht sofort in physiologischen Messungen erfassen lassen. Außerdem könnten Stresstoleranztests durchgeführt werden, um den zuvor diskutierten Aspekt multipler Stressoren zu untersuchen.

Für den Bestand einer Population spielen Auswirkungen auf die Fitness eine große Rolle. Somit wäre es auch interessant Auswirkungen von Mikroplastik auf die Reproduktion bestimmter Tierarten zu analysieren. Dabei spielt insbesondere die Freisetzung von Kunststoffadditiven, wie Weichmachern und Flammschutzmitteln, eine Rolle. Viele dieser Stoffe, darunter Polybromierte Diphenylether und Phthalate, sind als endokrine Disruptoren bekannt. Aarab et al. (2006) beschrieben toxische Effekte von Bisphenol-A, Diallylphthalat und Tetrabromdiphenylether auf die Eizellentwicklung in *Mytilus edulis*. Inwiefern diese Stoffe aus Mikroplastik austreten und somit Invertebraten schädigen können, ist bisher jedoch noch weitestgehend unklar.

Nicht zuletzt wäre es sehr spannend und hilfreich mehr Projekte mit einem globalen ökologischen Ansatz wie GAME durchzuführen, in welchen vergleichbare Experimente in unterschiedlichen Systemen parallel stattfinden und somit den Einfluss von Mikroplastik auf verschiedene Arten direkt vergleichbar machen.

Literaturverzeichnis

Aarab, N., Lemaire-Gony, S., Unruh, E., Hansen, P. D., Larsen, B. K., Andersen, O. K. & Narbonne, J. F. 2006. Preliminary study of responses in mussel (Mytilus edilus) exposed to bisphenol A, diallyl phthalate and tetrabromodiphenyl ether. *Aquatic To-xicology,* 78 Suppl 1, S86-92.

Adams, S. M. 2005. Assessing cause and effect of multiple stressors on marine systems. *Marine Pollution Bul-letin,* 51, 649-657.

Agard, J., Kishore, R. & Bayne, B. 1992. Perna viridis (Linnaeus, 1758): first record of the Indo-Pacific green mussel (Mollusca: Bivalvia) in the Caribbean. *Caribbean Marine Studies,* 3, 59-60.

Agency for Toxic Substances and Disease Registry (ATSDR). Priority List of Hazardous Substances. United States, Atlanta, GA, 2007. <http://www.atsdr.cdc.gov/spl/previous/07list.html>

Alexander, J. E., Thorp, J. H. & Fell, R. D. 1994. Turbidity and Temperature Effects on Oxygen-Consumption in the Zebra Mussel (Dreissena-Polymorpha). *Canadian Journal of Fisheries and Aquatic Scien-ces,* 51, 179-184.

Andrady, A. L. 2011. Microplastics in the marine environment. *Marine Pollution Bulletin,* 62, 1596-1605.

Arifin, Z. 2004. Local Millennium Ecosystem Assessment: Condition and Trend of the Greater Jakarta Bay Ecosystem. *The Ministry of Environment, Indone-sia.*

Arthur, C., Baker, J. & Bamford, H. 2008. Proceedings of the International Research Workshop on the Occurrence, Effects and Fate of Microplastic Marine Debris.

Babarro, J. M. F., Fernandez-Reiriz, M. J. & Labarta, U. 2000. Metabolism of the mussel Mytilus gallaprovincialis from two origins in the Ria de Arousa (northwest Spain). *Journal of the Marine Biologi-cal Association of the United Kingdom,* 80, 865-872.

Baker, P., Fajans, J. S., Arnold, W. S., Ingrao, D. A., Ma-relli, D. C. & Baker, S. M. 2007. Range And Dispersal Of a Tropical Marine Invader, The Asian Green Mussel, Perna Viridis, In Subtropical Waters Of The Southeastern United States. *Journal of Shellfish Re-search,* 26, 345-355.

Bakir, A., Rowland, S. J. & Thompson, R. C. 2014. Enhanced desorption of persistent organic pollutants from microplastics under simulated physiological conditions. *Environmental Pollution,* 185, 16-23.

Barnes, D. K. 2005. Remote islands reveal rapid rise of southern hemisphere, sea debris. *Scientific World Journal,* 5, 915-21.

Barnes, D. K. A. 2002. Biodiversity: Invasions by marine life on plastic debris. *Nature,* 416, 808-809.

Barnes, D. K. A., Galgani, F., Thompson, R. C. & Barlaz, M. 2009. Accumulation and fragmentation of plastic debris in global environments. *Philosophical Transactions of the Royal Society B-Biological Sciences,* 364, 1985-1998.

Baumard, P., Budzinski, H. & Garrigues, P. 1998. Polycyclic aromatic hydrocarbons in sediments and mussels of the western Mediterranean sea. *Environmental Toxicology and Chemistry,* 17, 765-776.

Bayne, B. L. 1973. Physiological Changes in Mytilus-Edulis-L Induced by Temperature and Nutritive Stress. *Journal of the Marine Biological Association of the United Kingdom,* 53, 39-58.

Bayne, B. L. & Widdows, J. 1978. The physiological ecology of two populations of Mytilus edulis L. *Oeco-logia,* 37, 137-162.

Bertness, M. D. 1984. Ribbed Mussels and Spartina-Alterniflora Production in a New England Salt-Marsh. *Ecology,* 65, 1794-1807.

Besseling, E., Wang, B., Lurling, M. & Koelmans, A. A. 2014. Nanoplastic Affects Growth of S. obliquus and Reproduction of D. magna. *Environmental Scie-nce & Technology,* 48, 12336-43.

Besseling, E., Wegner, A., Foekema, E. M., Van Den Heuvel-Greve, M. J. & Koelmans, A. A. 2013. Effects of microplastic on fitness and PCB bioaccumulation by the lugworm Arenicola marina (L.). *Environmen-tal Science & Technology,* 47, 593-600.

Betts, K. 2008. Why small plastic particles may pose a big problem in the oceans. *Environmental Science & Technology,* 42, 8995-8995.

Beukema, J. J. & Cadée, G. C. 1996. Consequences of the Sudden Removal of Nearly All Mussels and Cockles from the Dutch Wadden Sea. *Marine Ecology,* 17, 279-289.

Bolton, T. F. & Havenhand, J. N. 1998. Physiological versus viscosity-induced effects of an acute reduction in water temperature on microsphere ingestion by trochophore larvae of the serpulid polychaete Galeolaria caespitosa. *Journal of Plankton Research,* 20, 2153-2164.

Browne, M. A., Crump, P., Niven, S. J., Teuten, E., Ton-kin, A., Galloway, T. & Thompson, R. 2011. Accumulation of microplastic on shorelines woldwide: sources and sinks. *Environmental Science & Tech-nology,* 45, 9175-9.

Browne, M. A., Dissanayake, A., Galloway, T. S., Lowe, D. M. & Thompson, R. C. 2008. Ingested Microscopic Plastic Translocates to the Circulatory System of the Mussel, Mytilus edulis (L.). *Environmental Scie-nce & Technology,* 42, 50 26-5031.

Browne, M. A., Galloway, T. & Thompson, R. 2007. Microplastic-an emerging contaminant of potential concern? *Integrated Environmental Assessment and Management,* 3, 559-61.

Browne, M. A., Galloway, T. S. & Thompson, R. C. 2010. Spatial patterns of plastic debris along Estuarine shorelines. *Environmental Science & Technology,* 44, 34 04-9.

Browne, M. A., Niven, S. J., Galloway, T. S., Rowland, S. J. & Thompson, R. C. 2013. Microplastic moves pollutants and additives to worms, reducing functions linked to health and biodiversity. *Current Biology,* 23, 2388-92.

Bullimore, B. A., Newman, P. B., Kaiser, M. J., Gilbert, S. E. & Lock, K. M. 2001. A study of catches on a fleet of "ghost-fishing" pots. *Fishery Bulletin,* 99.

Cadée, G. C. 2002. Seabirds and floating plastic debris. *Marine Pollution Bulletin,* 44, 1294-1295.

Carson, H. S., Colbert, S. L., Kaylor, M. J. & Mcdermid, K. J. 2011. Small plastic debris changes water movement and heat transfer through beach sediments. *Marine Pollution Bulletin,* 62, 1708-13.

Caulier, G., Van Dyck, S., Gerbaux, P., Eeckhaut, I. & Flammang, P. 2011. Review of saponin diversity in sea cucumbers belonging to the family Holothuriidae. *SPC Beche-de-mer Information Bulletin,* 31, 48-54.

Cheung, S. G. 1991. Energetics of transplanted populations of the green-lipped mussel Perna viridis (Linnaeus) (Bivalvia: Mytilacea) in Hong Kong. II: Integrated energy budget. *Asian Marine Biology,* 8, 133-147.

Cheung, S. G., Luk, K. C. & Shin, P. K. 2006. Predator-labeling effect on byssus production in marine mussels Perna viridis (L.) and Brachidontes variabilis (Krauss). *J Chemical Ecology,* 32, 1501-12.

Cheung, S. G. & Shin, P. K. 2005. Size effects of suspended particles on gill damage in green-lipped mussel Perna viridis. *Marine Pollution Bulletin,* 51, 801-10.

Claessens, M., De Meester, S., Van Landuyt, L., De Clerck, K. & Janssen, C. R. 2011. Occurrence and distribution of microplastics in marine sediments along the Belgian coast. *Marine Pollution Bulletin,* 62, 2199-204.

Claessens, M., Van Cauwenberghe, L., Vandegehuchte, M. B. & Janssen, C. R. 2013. New techniques for the detection of microplastics in sediments and field collected organisms. *Marine Pollution Bulletin,* 70, 227-33.

Colabuono, F. I., Barquete, V., Domingues, B. S. & Mon-tone, R. C. 2009. Plastic ingestion by Procellariiformes in Southern Brazil. *Marine Pollution Bulle-tin,* 58, 93-96.

Cole, M., Lindeque, P., Fileman, E., Halsband, C., Goodhead, R., Moger, J. & Galloway, T. S. 2013. Microplastic ingestion by zooplankton. *Environmental Science & Technology,* 47, 6646-55.

Cole, M., Lindeque, P., Halsband, C. & Galloway, T. S. 2011. Microplastics as contaminants in the marine environment: A review. *Marine Pollution Bulletin,* 62, 25 88-2597.

Cozar, A., Echevarria, F., Gonzalez-Gordillo, J. I., Irigoien, X., Ubeda, B., Hernandez-Leon, S., Palma, A. T., Navarro, S., Garcia-De-Lomas, J., Ruiz, A., Fernandez-De-Puelles, M. L. & Duarte, C. M. 2014. Plastic debris in the open ocean. *Proceedings of the Natio-nal Academy of Sciences of the United States of America,* 111, 10239-10244.

Crain, C. M., Kroeker, K. & Halpern, B. S. 2008. Interactive and cumulative effects of multiple human stressors in marine systems. *Ecology Letters,* 11, 1304-1315.

Davison, P. & Asch, R. G. 2011. Plastic ingestion by mesopelagic fishes in the North Pacific Subtropical Gyre. *Marine Ecology Progress Series,* 432, 173-180.

De Jonge, V. N. & Van Beusekom, J. E. E. 1995. Wind-and tide-induced resuspension of sediment and microphytobenthos from tidal flats in the Ems estuary. *Limnology and oceanography,* 40, 766-778.

Derraik, J. G. B. 2002. The pollution of the marine environment by plastic debris: a review. *Marine Pollution Bulletin*, 44, 842-852.

Dolmer, P. 2000. Feeding activity of mussels Mytilus edulis related to near-bed currents and phytoplankton biomass. *Journal of Sea Research*, 44, 221-231.

Eertman, R. H. M., Groenink-Van Emstede, M. & Sandee, B. 1993. The effects of the polycyclic aromatic hydrocarbons Fluoranthene and Benzo[a]pyrene on the mussel Mytilus edulis, the amphipod Bathyporeia sarsi and the larvae of the oyster crassostrea gigas.

Endo, S., Yuyama, M. & Takada, H. 2013. Desorption kinetics of hydrophobic organic contaminants from marine plastic pellets. *Marine Pollution Bulletin*, 74, 125-31.

Eriksson, C. & Burton, H. 2003. Origins and Biological Accumulation of Small Plastic Particles in Fur Seals from Macquarie Island. *AMBIO: A Journal of the Human Environment*, 32, 380-384.

Farrell, P. & Nelson, K. 2013. Trophic level transfer of microplastic: Mytilus edulis (L.) to Carcinus maenas (L.). *Environmental Pollution*, 177, 1-3.

Fendall, L. S. & Sewell, M. A. 2009. Contributing to marine pollution by washing your face: Microplastics in facial cleansers. *Marine Pollution Bulletin*, 58, 1225 -1228.

Flemming, B. W. & Delafontaine, M. T. 1994. Biodeposition in a juvenile mussel bed of the east Frisian Wadden Sea (Southern North Sea). *Netherland Journal of Aquatic Ecology*, 28, 289-297.

Fossi, M. C., Panti, C., Guerranti, C., Coppola, D., Giannetti, M., Marsili, L. & Minutoli, R. 2012. Are baleen whales exposed to the threat of microplastics? A case study of the Mediterranean fin whale (Balae-noptera physalus). *Marine Pollution Bulletin*, 64, 2374-2379.

Gao, Q. F., Xu, W. Z., Liu, X. S., Cheung, S. G. & Shin, P. K. S. 2008. Seasonal changes in C, N and P budgets of green-lipped mussels Perna viridis and removal of nutrients from fish farming in Hong Kong. *Ma-rine Ecology Progress Series*, 353, 137-146.

Goldstein, M. C. & Goodwin, D. S. 2013. Gooseneck bar-nacles (Lepas spp.) ingest microplastic debris in the North Pacific Subtropical Gyre. *PeerJ*, 1, e184.

Gouin, T., Roche, N., Lohmann, R. & Hodges, G. 2011. A Thermodynamic Approach for Assessing the Envi-ronmental Exposure of Chemicals Absorbed to Microplastic. *Environmental Science & Technology,* 45, 1466-1472.

Graham, E. R. & Thompson, J. T. 2009. Deposit- and suspension-feeding sea cucumbers (Echinodermata) ingest plastic fragments. *Journal of Experimental Marine Biology and Ecology,* 368, 22-29.

Grant, J. & Thorpe, B. 1991. Effects of Suspended Sediment on Growth, Respiration, and Excretion of the Soft-Shell Clam (Mya-Arenaria). *Canadian Journal of Fisheries and Aquatic Sciences,* 48, 1285-1292.

Gregory, M. R. 1996. Plastic 'scrubbers' in hand cleansers: A further (and minor) source for marine pollution identified. *Marine Pollution Bulletin,* 32, 867-871.

Gregory, M. R. 1999. Plastics and South Pacific Island shores: environmental implications. *Ocean & Coastal Management,* 42, 603-615.

Gregory, M. R. 2009. Environmental implications of plastic debris in marine settings--entanglement, ingestion, smothering, hangers-on, hitch-hiking and alien invasions. *Philosophical Transactions of the Royal Society B-Biological Sciences,* 364, 2013-25.

Guillard, R. L. 1975. Culture of Phytoplankton for Feeding Marine Invertebrates. *In:* SMITH, W. & CHAN-LEY, M. (eds.) *Culture of Marine Invertebrate Animals.* Springer US.

Guillard, R. R. L. & Ryther, J. H. 1962. Studies Of Marine Planktonic Diatoms: I. Cyclotella Nana Hustedt, And Detonula Confervacea (Cleve) Gran. *Canadian Journal of Microbiology,* 8, 229-239.

Halpern, B. S., Selkoe, K. A., Micheli, F. & Kappel, C. V. 2007. Evaluating and ranking the vulnerability of global marine ecosystems to anthropogenic threats. *Conservation Biology,* 21, 1301-15.

Hidalgo-Ruz, V., Gutow, L., Thompson, R. C. & Thiel, M. 2012. Microplastics in the Marine Environment: A Review of the Methods Used for Identification and Quantification. *Environmental Science & Technolo-gy,* 46, 3060-3075.

Hirai, H., Takada, H., Ogata, Y., Yamashita, R., Mizu-kawa, K., Saha, M., Kwan, C., Moore, C., Gray, H., Laursen, D., Zettler, E. R., Farrington, J. W., Reddy, C. M., Peacock, E. E. & Ward, M. W. 2011. Organic micropollutants in marine plastics debris from the open ocean and remote and urban beaches. *Marine Pollution Bulletin,* 62, 1683-1692.

Hoornweg, D. & Bhada-Tata, P. 2012. What a waste: A Global Review of Solid Waste Management.

Hoornweg, D., Bhada-Tata, P. & Kennedy, C. 2013. Waste production must peak this century. *Nature,* 502, 615 -617.

Jones, C. G., Lawton, J. H. & Shachak, M. 1996. Organisms as ecosystem engineers. *F. B. Samson and F. L. Knopf (eds.). Readings in Ecosystem Management.* Springer-Verlag New York, Inc.

Katsanevakis, S., Verriopoulos, G., Nicolaidou, A. & Thes-salou-Legaki, M. 2007. Effect of marine litter on the benthic megafauna of coastal soft bottoms: a manipulative field experiment. *Marine Pollution Bulletin,* 54, 771-8.

Koelmans, A. A., Besseling, E., Wegner, A. & Foekema, E. M. 2013. Plastic as a Carrier of POPs to Aquatic Organisms: A Model Analysis. *Environmental Science & Technology,* 47, 7812-7820.

Laist, D. 1997. Impacts of Marine Debris: Entanglement of Marine Life in Marine Debris Including a Comprehensive List of Species with Entanglement and Ingestion Records. *In:* COE, J. & ROGERS, D. (eds.) *Marine Debris.* Springer New York.

Lampert, W. 1984. The measurement of respiration. *In:* DOWNING, J. A. & RIGLER, F. H. (eds.) *A Manual on Methods for the Assessment of Secondary Productivity in Fresh Waters.* 2 ed.: Blackwell, Oxford.

Lampitt, R. S. 1985. Evidence for the seasonal deposition of detritus to the deep-sea floor and its subsequent resuspension. *Deep Sea Research Part A. Oceanographic Research Papers,* 32, 885-897.

Lee, H., Shim, W. J. & Kwon, J. H. 2014. Sorption capacity of plastic debris for hydrophobic organic chemicals. *Science of the Total Environment,* 470-471, 15 45-52.

Leite, A. S., Santos, L. L., Costa, Y. & Hatje, V. 2014. In-fluence of proximity to an urban center in the pat-tern of contamination by marine debris. *Marine Pollution Bulletin,* 81, 242-7.

Liebezeit, G. & Dubaish, F. 2012. Microplastics in beaches of the East Frisian islands Spiekeroog and Kachelotplate. *Bulletin of Environmental Contamination and Toxicology,* 89, 213-7.

Lima, A. R. A., Costa, M. F. & Barletta, M. 2014. Distribution patterns of microplastics within the plankton of a tropical estuary. *Environmental Research*, 132, 14 6-155.

Lin, J. 1991. Predator Prey Interactions between Blue Crabs and Ribbed Mussels Living in Clumps. *Estuarine Coastal and Shelf Science*, 32, 61-69.

Liu, J. H. & Kueh, C. S. W. 2005. Biomonitoring of heavy metals and trace organics using the intertidal mussel Perna viridis in Hong Kong coastal waters. *Marine Pollution Bulletin*, 51, 857-875.

Lobelle, D. & Cunliffe, M. 2011. Early microbial biofilm formation on marine plastic debris. *Marine Pollu-tion Bulletin*, 62, 197-200.

Lucas, A. & Beninger, P. G. 1985. The use of physiolo-gical condition indices in marine bivalve aquaculture. *Aquaculture*, 44, 187-200.

Madon, S. P., Schneider, D. W., Stoeckel, J. A. & Sparks, R. E. 1998. Effects of inorganic sediment and food concentrations on energetic processes of the zebra mussel, Dreissena polymorpha: implications for growth in turbid rivers. *Canadian Journal of Fisheries and Aquatic Sciences*, 55, 401-413.

Mallory, M. L. 2008. Marine plastic debris in northern fulmars from the Canadian high Arctic. *Marine Pollution Bulletin*, 56, 1501-4.

Mato, Y., Isobe, T., Takada, H., Kanehiro, H., Ohtake, C. & Kaminuma, T. 2000. Plastic Resin Pellets as a Transport Medium for Toxic Chemicals in the Marine Environment. *Environmental Science & Technology*, 35, 318-324.

Moore, C. J., Lattin, G. L. & Zellers, A. F. 2011. Quantity and type of plastic debris flowing from two urban rivers to coastal waters and beaches of Southern California. *Journal of Integrated Coastal Zone Management*, 11, 65-73.

Moore, C. J., Moore, S. L., Leecaster, M. K. & Weisberg, S. B. 2001. A comparison of plastic and plankton in the north Pacific central gyre. *Marine Pollution Bulletin*, 42, 1297-300.

Moret-Ferguson, S., Law, K. L., Proskurowski, G., Murphy, E. K., Peacock, E. E. & Reddy, C. M. 2010. The size, mass, and composition of plastic debris in the western North Atlantic Ocean. *Marine Pollution Bulletin*, 60, 1873-8.

Murray, F. & Cowie, P. R. 2011. Plastic contamination in the decapod crustacean Nephrops norvegicus (Lin-naeus, 1758). *Marine Pollution Bulletin*, 62, 1207-12 17.

Nor, N. H. & Obbard, J. P. 2014. Microplastics in Singapore's coastal mangrove ecosystems. *Marine Pollution Bulletin,* 79, 278-83.

Norén, F. 2007. Small plastic particles in swedish west coast waters: N-Research report. 11pp.

Oehlmann, J., Schulte-Oehlmann, U., Kloas, W., Jag-nytsch, O., Lutz, I., Kusk, K. O., Wollenberger, L., Santos, E. M., Paull, G. C., Van Look, K. J. W. & Tyler, C. R. 2009. A critical analysis of the biolo-gical impacts of plasticizers on wildlife. *Philosophical Transactions of the Royal Society B-Biological Sciences,* 364, 2047-2062.

Piccardo, M. T., Coradeghini, R. & Valerio, F. 2001. Polycyclic Aromatic Hydrocarbon Pollution in Native and Caged Mussels. *Marine Pollution Bulletin,* 42, 951-956.

Plasticseurope 2013. Plastics - the Facts 2013: An analysis of European latest plastics production, demand and waste data.

Rajagopal, S., Venugopalan, V. P., Azariah, J. & Nair, K. V. K. 1995. Response of the green mussel Perna viridis (L.) to heat treatment in relation to power plant biofouling control. *Biofouling,* 8, 313-330.

Rajagopal, S., Venugopalan, V. P., Van Der Velde, G. & Jenner, H. A. 2006. Greening of the coasts: a review of the Perna viridis success story. *Aquatic Ecology,* 40, 273-297.

Rajesh, K. V., Mohamed, K. S. & Kripa, V. 2001. Influence of algal cell concentration, salinity and body size on the filtration and ingestion rates of cultivable Indian bivalves. *Indian Journal of Marine Sciences,* 30, 87-92.

Reddy, M. S., Shaik, B., Adimurthy, S. & Ramachandra-iah, G. 2006. Description of the small plastics fragments in marine sediments along the Alang-Sosiya shipbreaking yard, India. *Estuarine, Coastal and Shelf Science,* 68, 656-660.

Richardson, B. J., Mak, E., De Luca-Abbott, S. B., Martin, M., Mcclellan, K. & Lam, P. K. 2008. Antioxidant responses to polycyclic aromatic hydrocarbons and organochlorine pesticides in green-lipped mussels (Perna viridis): do mussels "integrate" biomarker responses? *Marine Pollution Bulletin,* 57, 503-14.

Riisgard, H. U., Kittner, C. & Seerup, D. F. 2003. Regulation of opening state and filtration rate in filter-feeding bivalves (Cardium edule, Mytilus edulis, Myaarenaria) in response to low algal concentration. *Journal of Experimental Marine Biology and Ecology,* 284, 105-127.

Rios, L. M., Moore, C. & Jones, P. R. 2007. Persistent organic pollutants carried by synthetic polymers in the ocean environment. *Marine Pollution Bulletin,* 54, 12 30-7.

Rochman, C. M., Browne, M. A., Halpern, B. S., Hent-schel, B. T., Hoh, E., Karapanagioti, H. K., Rios-Mendoza, L. M., Takada, H., Teh, S. & Thompson, R. C. 2013a. Classify plastic waste as hazardous. *Nature,* 494, 169-171.

Rochman, C. M., Hoh, E., Hentschel, B. T. & Kaye, S. 2013b. Long-term field measurement of sorption of organic contaminants to five types of plastic pellets: implications for plastic marine debris. *Environmental Science & Technology,* 47, 1646-54.

Sakai, S., Urano, S. & Takatsuki, H. 2000. Leaching behavior of PCBs and PCDDs/DFs from some waste materials. *Waste Management,* 20, 241-247.

Sanchez, W., Bender, C. & Porcher, J. M. 2014. Wild gudgeons (Gobio gobio) from French rivers are contaminated by microplastics: preliminary study and first evidence. *Environmental Research,* 128, 98-100.

Seed, R. & Richardson, C. A. 1999. Evolutionary traits in Perna viridis (Linnaeus) and Septifer virgatus (Wiegmann) (Bivalvia: Mytilidae). *Journal of Experimental Marine Biology and Ecology,* 239, 273-287.

Setala, O., Fleming-Lehtinen, V. & Lehtiniemi, M. 2014. Ingestion and transfer of microplastics in the planktonic food web. *Environmental Pollution,* 185, 77-83.

Shah, A. A., Hasan, F., Hameed, A. & Ahmed, S. 2008. Biological degradation of plastics: a comprehensive review. *Biotechnology Advances,* 26, 246-65.

Shin, P. K. S., Yau, F. N., Chow, S. H., Tai, K. K. & Cheung, S. G. 2002. Responses of the green-lipped mus-sel Perna viridis (L.) to suspended solids. *Marine Pollution Bulletin,* 45, 157-162.

Siddall, S. E. 1980. A Clarification of the Genus Perna (Mytilidae). *Bulletin of Marine Science,* 30, 858-870.

Sivalingam, P. M. 1977. Aquaculture of the green mussel, Mytilus viridis Linnaeus, in Malaysia. *Aquaculture,* 11, 297-312.

Sivan, A. 2011. New perspectives in plastic biodegradation. *Current Opinion in Biotechnology,* 22, 422-6.

Tan, W. H. 1975. The effects of exposure and crawling behaviour on the survival of recently settled green mussels (Mytilus viridis L.). *Aquaculture,* 6, 357-368.

Tantanasarit, C., Babel, S., Englande, A. J. & Meksumpun, S. 2013. Influence of size and density on filtration rate modeling and nutrient uptake by green mussel (Perna viridis). *Marine Pollution Bulletin,* 68, 38-45.

Teuten, E. L., Rowland, S. J., Galloway, T. S. & Thompson, R. C. 2007. Potential for Plastics to Transport Hydrophobic Contaminants. *Environmental Science & Technology,* 41, 7759-7764.

Teuten, E. L., Saquing, J. M., Knappe, D. R. U., Barlaz, M. A., Jonsson, S., Bjorn, A., Rowland, S. J., Thomp-son, R. C., Galloway, T. S., Yamashita, R., Ochi, D., Watanuki, Y., Moore, C., Pham, H. V., Tana, T. S., Prudente, M., Boonyatumanond, R., Zakaria, M. P., Akkhavong, K., Ogata, Y., Hirai, H., Iwasa, S., Mi-zukawa, K., Hagino, Y., Imamura, A., Saha, M. & Takada, H. 2009. Transport and release of chemicals from plastics to the environment and to wildlife. *Philosophical Transactions of the Royal Society B-Biological Sciences,* 364, 2027-2045.

Thompson, R. C., Olsen, Y., Mitchell, R. P., Davis, A., Rowland, S. J., John, A. W. G., Mcgonigle, D. & Russell, A. E. 2004. Lost at sea: Where is all the plastic? *Science,* 304, 838-838.

Thompson, R. C., Swan, S. H., Moore, C. J. & Vom Saal, F. S. 2009. Our plastic age. *Philosophical Transactions of the Royal Society B-Biological Sciences,* 364, 19 73-1976.

Thompson, R. J. & Bayne, B. L. 1972. Active metabolism associated with feeding in the mussel Mytilus edulis L. *Journal of Experimental Marine Biology and Ecology,* 9, 111-124.

Topçu, E. N., Tonay, A. M., Dede, A., Öztürk, A. A. & Öztürk, B. 2013. Origin and abundance of marine litter along sandy beaches of the Turkish Western Black Sea Coast. *Marine Environmental Research,* 85, 21-28.

Usepa 1986. Quality Criteria for Water EPA-440/5-86-001. *US Environmental Protection Agency, Office of Water, Washington, DC.*

Van Cauwenberghe, L., Vanreusel, A., Mees, J. & Janssen, C. R. 2013. Microplastic pollution in deep-sea sediments. *Environmental Pollution,* 182, 495-9.

Van Winkle, W., Jr. 1970. Effect of environmental factors on byssal thread formation. *Marine Biology,* 7, 143-148.

Vangriesheim, A. & Khripounoff, A. 1990. Near-Bottom Particle Concentration and Flux - Temporal Variations Observed with Sediment Traps and Nepholometer on the Meriadzek Terrace, Bay of Biscay. *Progress in Oceanography*, 24, 103-116.

Vannela, R. 2012. Are We "Digging Our Own Grave" Under the Oceans? Biosphere-Level Effects and Global Policy Challenge from Plastic(s) in Oceans. *Environmental Science & Technology*, 46, 7932-7933.

Vianello, A., Boldrin, A., Guerriero, P., Moschino, V., Rel-la, R., Sturaro, A. & Da Ros, L. 2013. Microplastic particles in sediments of Lagoon of Venice, Italy: First observations on occurrence, spatial patterns and identification. *Estuarine Coastal and Shelf Science*, 130, 54-61.

Von Moos, N., Burkhardt-Holm, P. & Köhler, A. 2012. Uptake and Effects of Microplastics on Cells and Tissue of the Blue Mussel Mytilus edulis L. after an Experimental Exposure. *Environmental Science & Technology*, 46, 11327-11335.

Waite, J. H., Qin, X.-X. & Coyne, K. J. 1998. The peculiar collagens of mussel byssus. *Matrix Biology*, 17, 93-106.

Ward, J. E. & Shumway, S. E. 2004. Separating the grain from the chaff: particle selection in suspension- and deposit-feeding bivalves. *Journal of Experimental Marine Biology and Ecology*, 300, 83-130.

Watts, A. J., Lewis, C., Goodhead, R. M., Beckett, S. J., Moger, J., Tyler, C. R. & Galloway, T. S. 2014. Uptake and retention of microplastics by the shore crab Carcinus maenas. *Environmental Science & Techno-logy*, 48, 8823-30.

Wegner, A., Besseling, E., Foekema, E. M., Kamermans, P. & Koelmans, A. A. 2012. Effects of nanopoly-styrene on the feeding behavior of the blue mussel (Mytilus edulis L.). *Environmental Toxicology and Chemistry*, 31, 2490-7.

Widdows, J. 1973. The effects of temperature on the metabolism and activity of mytilus edulis. *Netherlands Journal of Sea Research*, 7, 387-398.

Widdows, J. & Brinsley, M. 2002. Impact of biotic and abiotic processes on sediment dynamics and the consequences to the structure and functioning of the intertidal zone. *Journal of Sea Research*, 48, 143-156.

Wong, W. H. & Cheung, S. G. 2001. Feeding rates and scope for growth of green mussels, Perna viridis (L.) and their relationship with food availability in Kat O, Hong Kong. *Aquaculture*, 193, 123-137.

Wong, W. H., Levinton, J. S., Twining, B. S., Fisher, N. S., Kelaher, B. P. & Alt, A. K. 2003. Assimilation of carbon from a rotifer by the mussels Mytilus edulis and Perna viridis: a potential food-web link. *Marine Ecology Progress Series,* 253, 175-182.

Wright, S. L., Thompson, R. C. & Galloway, T. S. 2013a. The physical impacts of microplastics on marine organisms: a review. *Environmental Pollution,* 178, 48 3-92.

Wright, S. L., Rowe, D., Thompson, R. C. & Galloway, T. S. 2013b. Microplastic ingestion decreases energy reserves in marine worms. *Current Biology,* 23, R 10 31-3.

Yap, C. K., Shahbazi, A. & Zakaria, M. P. 2012. Concentrations of heavy metals (Cu, Cd, Zn and Ni) and PAHs in Perna viridis collected from seaport and non-seaport waters in the Straits of Johore. *Bulletin of Environmental Contamination and Toxicology,* 89, 1205-10.

Ye, S. & Andrady, A. L. 1991. Fouling of floating plastic debris under Biscayne Bay exposure conditions. *Marine Pollution Bulletin,* 22, 608-613.

Young, G. A. 1985. Byssus-Thread Formation by the Mussel Mytilus-Edulis - Effects of Environmental-Factors. *Marine Ecology Progress Series,* 24, 261-271.

Zarfl, C. & Matthies, M. 2010. Are marine plastic particles transport vectors for organic pollutants to the Arctic? *Marine Pollution Bulletin,* 60, 1810-4.

Anhang

Vorversuch zum Verhältnis von Nass- und Trockengewicht des Mikroplastiks

Tab. 15: Berechnung des Verhältnisses von Nass- und Trockengewicht des Mikroplastiks im Gemisch mit Wasser (100 g PVC in 500 ml Meerwasser)

Probe	Nassgewicht (NG) [g]	Trockengewicht (TG) [g]	Verhältnis (NG/TG)
1	3,047	0,528	5,771
2	3,048	0,526	5,795
3	3,029	0,528	5,737
4	2,819	0,491	5,741
5	3,022	0,523	5,778
6	3,039	0,527	5,767
7	3,059	0,532	5,750
8	3,050	0,532	5,733
9	3,037	0,528	5,752
10	3,034	0,522	5,812
		Mittelwert:	5,764
		Standardabweichung:	0,026

Partikeldichte in der Wassersäule während der Resuspension

Tab. 16: Partikelzahl in der Wassersäule während der Resuspension an drei aufeinander folgenden Tagen. Von jedem Mikroplastik-Massenanteil wurden 2 Replikate ausgezählt.

	Anzahl d. Partikel pro ml Wassersäule		
Mikroplastikmenge	**Tag 1**	**Tag 2**	**Tag 3**
0,03%	198.900	167.400	72.900
0,03%	6.000	209.200	30.700
0,3%	381.000	302.000	529.000
0,3%	736.000	420.000	270.000
3%	29.480.000	6.760.000	2.320.000
3%	13.600.000	7.080.000	Wert fehlt

Experiment zur Überprüfung des Einflusses der unterschiedlichen Wasserquellen

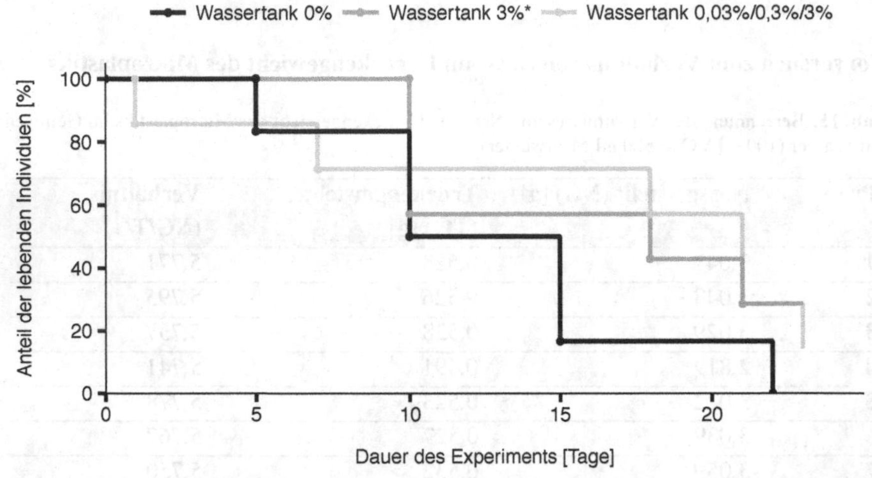

Abb. 19: Sterblichkeit von *Perna viridis* während des Hypoxie-Stresstests (Dauer: 23 Tage). Zuvor waren die Muscheln für 33 Tage in Meerwasser der unterschiedlichen Wassertanks gehalten worden, um zu überprüfen, ob das Wasser einen Einfluss auf die Leistung hat. Die Zahl der Replikate betrug in jeder Gruppe 7.

Tab. 17: Vergleich der Mortalitätsraten zwischen den verschiedenen Gruppen während des Hypoxie-Stresstests mittels einer Cox-Regression.

	Freiheitsgrade	Chi-Quadrat	P-Wert
Behandlung	2	2,00	0,3677

Printed in the United States
By Bookmasters

Printed in the United States
By Bookmasters